五谷杂粮
养生豆浆

甘智荣　主编

吉林科学技术出版社

图书在版编目（CIP）数据

五谷杂粮养生豆浆 / 甘智荣主编 . -- 长春：吉林
科学技术出版社，2015.2
ISBN 978-7-5384-8705-3

Ⅰ . ①五… Ⅱ . ①甘… Ⅲ . ①豆制食品－饮料－制作
②豆制食品－饮料－食物养生 Ⅳ . ① TS214.2 ② R247.1

中国版本图书馆 CIP 数据核字（2014）第 302047 号

五谷杂粮养生豆浆

Wugu Zaliang Yangsheng Doujiang

主　　编　甘智荣
出 版 人　李　梁
责任编辑　孟　波　李红梅
策划编辑　黄　佳
封面设计　闵智玺
版式设计　谢丹丹
开　　本　723mm×1020mm　1/16
字　　数　200千字
印　　张　15
印　　数　10000册
版　　次　2015年2月第1版
印　　次　2015年2月第1次印刷

出　　版　吉林科学技术出版社
发　　行　吉林科学技术出版社
地　　址　长春市人民大街4646号
邮　　编　130021
发行部电话/传真　0431-85635177　85651759　85651628
　　　　　　　　　　　　85677817　85600611　85670016
储运部电话　0431-84612872
编辑部电话　0431-86037576
网　　址　www.jlstp.net
印　　刷　深圳市雅佳图印刷有限公司

书　　号　ISBN　978-7-5384-8705-3
定　　价　29.80元

前言 PREFACE

俗话说"秋冬一碗热豆浆，驱寒暖胃保健康"，常饮豆浆，对身体大有裨益。豆浆是一种老少皆宜的营养饮品，在欧美享有"植物奶"的美誉。在中国，喝豆浆也有近2000年的历史。相传西汉淮南王刘安是个大孝子，他在母亲患病期间，每天都会用泡好的黄豆磨成豆浆给母亲喝，于是，刘母的病很快就好了，从此以后，豆浆就渐渐在民间流行开来。鲜豆浆四季都可饮用，春饮豆浆，调和阴阳；夏饮豆浆，消热防暑；秋饮豆浆，滋阴润燥；冬饮豆浆，祛寒滋补。

时至今日，豆浆已经不仅仅是用黄豆制成，五谷杂粮、豆薯瓜果，都是制作豆浆的原料或配料，豆浆的养生功效也日渐增多。在此，本书为读者提供多款五谷杂粮养生豆浆，让读者能顺时而为，挑选适合自己的养生豆浆，健康每一天。

本书共分为六个部分，第一部分介绍豆浆的相关知识，包括喝豆浆的方法及注意事项、豆浆机的用法和选择等，为做好养生豆浆做好准备。第二部分和第三部分提供多款经典营养豆浆和五谷杂粮豆浆，让读者小试牛刀，轻轻松松调制一杯杯香浓豆浆，快快乐乐喝出健康。第四部分从调理五脏出发，分别介绍了补心、养肝、清肺、健脾、养肾豆浆，让读者信手拈来，内调才是健康之本。

《延年秘录》中曾记载，豆浆"长肌肤，益颜色，填骨髓，加气力，补虚能食"。可知豆浆确实是养生保健佳品。身体看不见摸不着的地方，才是最需要保养的，而在本书第五部分，就提供了多款保健养生豆浆，比如补气、养血、排毒、抗衰、改善记忆、增强免疫力等，让读者根据自身状况，有针对性地选择更适合自己的养生豆浆。

日常生活中，人们总会遇到这样那样的健康问题，诸如血脂、血压升高了，失眠了、骨质疏松了等等，不急，在本书的第六部分，我们同样介绍了多款对症调理豆浆，降血压、降血脂、缓解失眠、强化骨骼，都不是问题。

读者要明白的是，养生的关键在于合理的饮食习惯和良好的生活习惯相结合，并非是一时兴起，来几杯豆浆就能做到的事情。因此，本书所介绍的养生豆浆，旨在为读者提供一种健康的养生方式，需配合良好的饮食和生活习惯，才能真正达到保健强身的目的。希望所有读者都能坚持养生，收获健康。

C O N T E N T S 目录

 Part 1 豆浆——最适合国人的养生饮品

 Part 2 N款经典营养豆浆

五谷杂粮豆浆，搭配丰富更营养

Part 4 美味豆浆补五脏

Part 5 保健豆浆，喝出健康

Part 6 对症喝豆浆

豆 浆
——最适合国人的养生饮品

为了健康，人们开始追求简单、自然、绿色的生活，各种豆浆开始映入眼帘，越来越多的人喜欢喝豆浆了。植物蛋白对现代人的保健养生作用是非常明显的，既补充了人体蛋白质所需，又能预防很多疾病，比如很多癌症、心血管疾病等。可以说，豆浆是"心脑血管保健者"，是21世纪"餐桌上的明星"。为了家人，为了健康，自己动手做杯养生好豆浆吧！

美味的豆浆，你了解吗？

我们都知道，豆浆很美味，很营养，在寒冷的大冬天来一杯暖暖的豆浆，又香又甜又美味。

但是，你知道豆浆的起源吗？你知道豆浆中具体有哪些营养成分吗？你知道美味的豆浆对于人体的身体健康到底有哪些好处吗？下面，我们就来为您详细介绍。

〔豆浆的起源〕

豆浆加油条似乎是人们最熟悉的早餐搭配，但豆浆的起源却很少有人知道。相传，在2000多年前的西汉，淮南王刘安的母亲患了重病，大孝子刘安请遍名医为母亲诊治，但母亲的病仍不见起色。后来，母亲无法进食。因为母亲喜欢黄豆，刘安为了让母亲吃到黄豆，就想出一个办法，每天用泡好的黄豆磨浆给母亲喝。刘安的母亲尝后感觉味美无比，十分喜欢，病也很快就好了。从此，豆浆开始在民间流传开来。

关于豆浆能够滋补养生的最早记载，出现在《黄帝内经》中。除此之外，《本草纲目》中也有"豆浆，利气下水，制诸风热，解诸毒"的文字描述。究其食疗作用，首先是由豆浆的性味决定的。豆浆性平且无毒，对身体虚弱、营养不良的人群来说，有显著的补虚清热之疗效。

〔营养均衡，不可缺豆〕

我国传统饮食讲究"五谷宜为养，失豆则不良"，意思是说五谷是有营养的，但没有豆子就会失去平衡。豆、稻、黍、稷、麦统称为"五谷"。

豆类富含蛋白质，几乎不含胆固醇，是人体所需的优质蛋白质以及钙的最佳来源。豆类是唯一能与动物性食物相媲美的高蛋白、低脂肪食品。豆类中的不饱和脂肪酸居多，是防治冠心病、高血压、动脉粥样硬化等疾病的理想食品，所以，应提倡每天均适量吃些豆类及其制品。

根据营养成分和含量，豆类可分为两类，一是大豆类，如黄豆、青豆、黑豆、花豆等；二是其他类，如豌豆、扁豆、刀豆、绿豆、豇豆、红豆、蚕豆等。将五谷杂粮随意搭配制成花色豆浆，可使五谷中的营养更易于被人体吸收。

喝好豆浆，健康多多

豆浆中富含多种营养成分，而且非常易于消化吸收，一直享有"植物奶"的美誉。经常喝豆浆、喝质量好的豆浆对我们的身体健康是很有益处的。下面，我们就来为大家详细介绍一下，经常喝豆浆到底有哪些好处。

强身健体

豆浆中含有人体生长发育所需的各种营养素，尤其是蛋白质，其含量高而且质量好，能增强体质。

防治糖尿病

豆浆含有膳食纤维，能有效阻止糖分的过量吸收，是糖尿病患者必不可少的好食物。

防治高血压

豆浆中所含的豆固醇和钾、镁是有力的抗钠物质。钠是高血压发生和复发的主要原因之一，因此豆浆也能辅助治疗高血压。

防治冠心病

豆浆中所含的豆固醇和钾、镁、钙能保护心血管，补充心肌营养，降低胆固醇，促进血液循环，防止血管痉挛。

防治脑中风

豆浆中所含的镁、钙有降低脑血脂、改善脑血流的作用，可预防脑梗死、脑出血。

防治癌症

豆浆中的蛋白质和硒、钼等都有很强的抑癌和治癌能力。

延缓衰老

豆浆中所含的硒、维生素E、维生素C 等有抗氧化功能，能防止细胞老化，尤其对脑细胞的作用最大，可预防老年痴呆。

美容养颜

豆浆中含有的植物雌激素、大豆蛋白质、维生素、卵磷脂等物质，可调节女性内分泌系统，延缓皮肤衰老，具有美容养颜的功效。

喝豆浆有讲究

喝豆浆其实是有很多讲究的。如果喝好了，就会益处多多。但是如果不讲究方式方法，喝豆浆反而有可能对身体健康有害处。所以，在喝豆浆之前，关于喝豆浆的种种讲究不能不清楚。比如，什么时间喝豆浆最好，豆浆和什么一起食用最易被吸收，喝豆浆有哪些宜忌，这些都需要认识清楚。

〔喝豆浆的最佳时间〕

喝豆浆不仅讲究方法，喝的时间也很重要。大多数人习惯在早上喝豆浆，这个时间没有任何问题，但要注意的是不能空腹喝豆浆，要与其他食物搭配饮用，原因前面已经提过了。

豆浆除了可以在早餐时间饮用外，还可以在早餐后1~2小时饮用。这样，豆浆与胃液发生的酶解作用很充分，更有利于食物的消化吸收，也能更好地发挥蛋白质补充营养的能力。

一些人喜欢饮用豆浆减肥，那么可以选择在饭前喝豆浆，这样可以减少进食量，一般而言，减肥人士应该尽量在机体活动量比较大的上午饮用，而活动比较少的晚上最好少喝或者干脆不喝，以免发胖。

〔喝豆浆的8种科学方法〕

喝豆浆时，要注意干稀搭配

可以同时吃些面包、饼干等淀粉类食物，使豆浆中的蛋白质在淀粉食物的作用下更为充分地被人体吸收。如果同时再吃点蔬菜和水果，营养就更均衡了。

要喝煮熟的豆浆

没有煮熟的豆浆里含有皂苷、蛋白酶抑制物，会影响食物中蛋白质的吸收，并对胃肠道产生刺激，引起中毒症状。预防恶心、呕吐、腹泻的办法是将豆浆在100℃的高温下煮沸，这样就可安心饮用了。如果饮用豆浆后出现头痛、呼吸受阻等症状，应立即就医，绝不能延误时机，以防引起更严重的症状。

空腹时别喝豆浆

空腹喝豆浆时，豆浆里的蛋白质大都会在体内转化为热量而消耗掉，不能充分起到补益作用。饮豆浆的同时吃些面包、糕点、馒头、包子等固体食品，可使豆浆中的蛋白质等成分在胃中停留时间较长，与胃液较充分地发生酶解，利于蛋白质的消化吸收。

适量饮用

一次喝豆浆过多容易引起蛋白质消化不良，出现腹胀、腹泻等不适症状。

忌与药物同饮

有些药物会破坏豆浆里的营养成分，如四环素、红霉素等抗生素药物。

忌用暖瓶保存豆浆

有人喜欢用暖瓶装豆浆来保温，这种方法不可取。暖水瓶内又湿又热的环境非常利于细菌的繁殖。一般来说，做好的豆浆装入暖水瓶三四个小时后就会变质。

此外，豆浆中的皂苷会使暖水瓶中的水垢脱落，水垢中的有害物质会溶入豆浆中，以致喝豆浆的同时也喝入了水垢等有害物质。

不与生鸡蛋同食

很多人在喝豆浆时喜欢搭配不熟的鸡蛋，或者在豆浆中打入生鸡蛋，以为这样更有营养，其实这是不科学的。因为鸡蛋中的黏液蛋白容易和豆浆中的胰蛋白酶结合，产生一种难吸收的物质，从而降低人体对营养的吸收率。鸡蛋与豆浆同吃时，一定要将豆浆和鸡蛋都分别加工熟了再吃。

忌在豆浆里放红糖

红糖里的有机酸和豆浆中的蛋白质结合后，可产生变性沉淀物，破坏营养成分。

〔豆浆虽好，但不是人人能喝〕

豆浆虽好，但不是人人皆宜，下列人群一定要慎饮豆浆。

肠胃不好的人少喝豆浆

因为豆浆性质偏寒，消化不良、嗝气和肾功能不好的人尽量少喝豆浆。而豆浆在酶的作用下能产气，所以腹胀、腹泻的人最好别喝豆浆。

另外，急性胃炎和慢性浅表性胃炎者不宜食用豆制品，以免刺激胃酸分泌过多加重病情，或者引起胃肠胀气。

有痛风症状的人不能喝豆浆

痛风是由嘌呤代谢障碍所导致的疾病，而大豆富含嘌呤，豆浆是由大豆磨成浆制成的，所以痛风患者要尽量做到少喝豆浆或者不喝豆浆，以免加重病情或引起病情反复。

正在服用抗生素的人不宜喝豆浆

豆浆一定不能与红霉素等抗生素一起服用，因为二者会发生化学反应。喝豆浆与服用抗生素的间隔时间最好在1个小时以上。

缺锌的人不宜常喝豆浆

豆类中含有抑制剂、皂角素和外源凝集素，这些都是对人体不好的物质。对付它们的最好方法就是将豆浆煮熟，而长期食用豆浆的人要记得补充微量元素锌。

手术或病后处于恢复期的病人

手术或生病后的人群身体抵抗力普遍较弱，肠胃功能不是很好，因此，在恢复期间最好不要饮用寒性的豆浆，这样容易产生恶心、腹泻等症状。

〔宝宝饮用豆浆的注意事项〕

豆浆不能完全代替牛奶

豆浆与牛奶的蛋白质含量大致相等，但牛奶的脂肪、钙、磷含量比豆浆多，豆浆含铁量比牛奶多，所以不宜用豆浆代替牛奶喂养宝宝。

12个月以上的宝宝可以喝豆浆，但最好牛奶、豆浆都喝。

豆浆适合对乳糖过敏的宝宝

有些宝宝一喝牛奶就拉肚子，这是对牛奶中乳糖过敏的反应。对乳糖过敏的宝宝可以喝豆浆，因为豆浆含寡糖，可以100%被人体吸收。

豆浆适合胖宝宝代替牛奶饮用

对于胖宝宝来说，豆浆是比牛奶更有利于健康的。因为牛奶的血糖指数为30%，而豆浆中的血糖指数仅为15%。因此，豆浆其实是不错的选择。

轻松搞定豆浆机

　　放心喝豆浆，从选对豆浆机开始。市售豆浆机有很多不同的款型，从研磨粉碎技术上看，目前较先进的是超微原磨技术，可以实现超微粉碎，释放植物蛋白，还原大豆原香。从功能上看，豆浆机有单功能和多功能之分。有的豆浆机还新增了智能预约功能，这大大方便了忙碌的上班族。

〔巧选豆浆机〕

购买场所的选择

　　大型商场或超市一般在当地都具有较高的商业信誉，对产品的质量、售后服务均有严格的要求，不会出现假冒伪劣产品，可放心购买。

安全标准的选择

　　宜买符合国家安全标准的豆浆机，必须带有CCC认证标志或欧盟CE 认证等。挑选时还应检查豆浆机的电源插头、电线等。

容量的选择

　　可根据家庭人口的多少选择豆浆机的容量：1~2 人的建议选择800~1000 毫升的；3~4人的建议选择1000~1300 毫升的；4 人以上的建议选择1200~1500 毫升的。

刀片的选择

　　豆浆机能否做出营养又好喝的豆浆，很大程度上取决于豆浆机搅拌棒上的刀片。好的刀片应该具有一定的螺旋倾斜角度，这样的刀片旋转起来后，不仅碎豆彻底，还能产生较大的离心力用于甩浆，将豆中的营养充分释放出来。

出浆速度的选择

　　如果您是忙碌的上班族，可以选择能打干豆的全自动豆浆机，20分钟左右就能打出豆浆；如果您不是很忙碌，那就可以选择只能打泡豆的全自动豆浆机。

出浆浓度的选择

　　辨别豆浆机打磨豆浆的浓度有两个方法：一是观察豆浆，好豆浆应有股浓浓的豆香味，口感爽滑，放凉后表面有一层油皮；二是看豆渣的质地，豆渣的质地应均匀，如果豆渣的质地不均匀且较粗的话，说明豆子的营养没能均匀地释放到浆液中去。

—————— 〔没有豆浆机照样做豆浆〕 ——————

　　即使家里没有全自动豆浆机，同样可以打出香浓的豆浆。家用搅拌机就是一种好用的制作豆浆的工具。用家用搅拌机制作豆浆的步骤如下：

　　①同样是先泡豆，可以选择黄豆、黑豆、豌豆、绿豆、红豆等，一般黄豆、黑豆、豌豆需要浸泡10~12小时，绿豆、红豆等需要浸泡4~6小时。

　　②把浸泡好的豆子少量多次地放进搅拌机中，加入少许清水搅打，搅打40秒要停下休息一两分钟，以免电机超负荷运转，导致无法正常使用。因为家用搅拌机都有滤网，汁和渣会自动分离，可直接将每次搅打出的豆浆倒入锅中。

　　③将装有生豆浆的锅置火上，盖锅盖，大火烧开后转小火不盖锅盖继续煮5~8分钟至豆浆表面的泡沫完全消失，这时豆浆才能完全被煮至熟透，可以饮用。

—————— 〔做出香浓好豆浆〕 ——————

　　随着人们对豆浆保健作用的认识加深以及豆浆机的普及，越来越多的人喜欢在家自制新鲜豆浆。想要做出好豆浆，需要注意以下几点。

选择优质豆类
做豆浆时，豆子的选择十分重要，一定要选择颗粒饱满、有光泽的优质豆类。

最好用湿豆
泡过的豆子能提高大豆营养的消化吸收率，并且能减少含有的微量黄曲霉素。

最好用清水
有的人图省事，直接用泡豆的水做豆浆，这种做法并不可取。大豆浸泡一段时间后，水色会变黄，水面会浮现很多水泡，这是因为大豆碱性大，经浸泡后发酵所致。用这样的水做出的豆浆不仅有碱味，味道不香，而且也不卫生，人喝了以后有可能导致腹痛、腹泻、呕吐。正确的做法是大豆浸泡后冲洗几遍，清除掉黄色碱水以后再换上清水制作。

搭配好食材
制作豆浆不只局限于使用黄豆、黑豆、红豆、绿豆，还可以搭配谷类、水果、蔬菜、干果等，按照个人喜好和口感巧妙搭配，使口感升级、营养加倍。

Part 2

N款经典营养豆浆

豆浆不仅营养丰富，也是传统养生食疗之选，在家中自制豆浆更是成为了一件非常流行及充满乐趣的事。用豆浆机只需加豆、加水、按键三步，即可轻松完成所有过程。除了传统的黄豆浆以外，绿豆、红豆、黑豆等也是常用的制浆主料，自己制作豆浆，不仅卫生新鲜，而且营养丰富全面；长期饮用，更能帮助全家补充营养、增强体质。

黄豆豆浆

●难易度：★☆☆　●功效：增强免疫

烹饪时间
Time
18分钟

○ 原 料

水发黄豆75克

○ 调 料

白糖适量

○ **烹饪小提示**

泡黄豆时可选用温水泡发，这样能节省泡发的时间。

○ 做 法

❶ 将已浸泡8小时的黄豆洗净，滤出，沥干。

❷ 将洗好的黄豆倒入豆浆机内，加入适量清水，至水位线即可。

❸ 选择"五谷"程序，开始打浆，15分钟后即成豆浆。

❹ 倒入滤网，滤去豆渣，加入白糖，拌匀至其溶化即可饮用。

做 法

❶ 将已浸泡3小时的绿豆洗净。

❷ 倒入滤网，沥干水分。

❸ 再倒入豆浆机中，加水至水位线即可。

❹ 选择"五谷"程序，启动豆浆机，运转约15分钟后即成豆浆。

❺ 将豆浆机断电，把煮好的豆浆倒入滤网，滤去豆渣，倒入碗中，加入适量白糖，搅拌均匀至其溶化即可。

烹饪时间
Time
16分钟

绿豆豆浆

●难易度：★☆☆　　●功效：增强免疫

🍲 原 料

水发绿豆100克

🧂 调 料

白糖适量

🍵 烹饪小提示

绿豆以颗粒细致、鲜绿者为佳。泡绿豆时，不能将其放在温度过高的环境，以免绿豆发芽。

红豆豆浆

◉难易度：★☆☆　◉功效：瘦身排毒

◉ **原 料**

| 水发红豆100克

◉ **调 料**

| 白糖适量

烹饪时间
Time
16分钟

◉ **烹饪小提示**

红豆先在常温下泡1小时，再放入冰箱的冷藏室内泡至完全泡发，这样豆浆口感会更好。

🍴 **做 法**

❶ 将已浸泡8小时的红豆洗净，倒入滤网，沥干水分。

❷ 把洗好的红豆倒入豆浆机中，加入适量清水，至水位线即可。

❸ 选择"五谷"程序，开始打浆，15分钟后即成豆浆。

❹ 把榨好的豆浆倒入滤网，滤去豆渣，倒入碗中，加入白糖拌至溶化即可饮用。

做法

❶ 将已浸泡7小时的黑豆洗净。

❷ 倒入滤网，沥干水分。

❸ 将洗好的黑豆倒入豆浆机中，加水至水位线。

❹ 选择"五谷"程序，开始打浆，待豆浆机运转约15分钟，即成豆浆。

❺ 把榨好的豆浆倒入滤网，滤去豆渣，倒入碗中，加入白糖，拌至其溶化即可。

烹饪时间
Time
16分钟

黑豆豆浆

◉难易度：★☆☆　◉功效：增强免疫

🍲 原料

| 水发黑豆100克

🧂 调料

| 白糖适量

🥣 烹饪小提示

黑豆含有丰富的维生素E，能清除体内的自由基，减少皮肤皱纹，达到养颜美容的目的；此外，其丰富的膳食纤维，可促进肠胃蠕动，预防便秘。黑豆的蛋白质含量很高，可以不滤去豆渣而直接饮用。

蚕豆豆浆

●难易度：★☆☆　●功效：防癌抗癌

○ 原 料

蚕豆50克，黄豆50克

○ 调 料

白糖适量

○ 做 法

烹饪时间
Time
16分钟

1.将已浸泡8小时的黄豆倒入碗中，放入备好的蚕豆。

2.加入适量清水。

3.用手搓洗干净。

4.将洗好的材料倒入滤网，沥干水分。

5.把洗好的黄豆和蚕豆倒入豆浆机中。

6.注入清水，至水位线即可。

7.盖上豆浆机机头，选择"五谷"程序，再选择"开始"键，待豆浆机运转约15分钟，即成豆浆。

8.将豆浆机断电，取下机头，把煮好的豆浆倒入滤网，滤取豆浆。

9.倒入杯中，用汤匙捞去浮沫。

10.待稍微放凉后即可饮用。

○ 烹饪小提示

黄豆以豆粒饱满完整、颗粒大、金黄色者为佳。制作之前，将蚕豆速冻、去皮更佳。

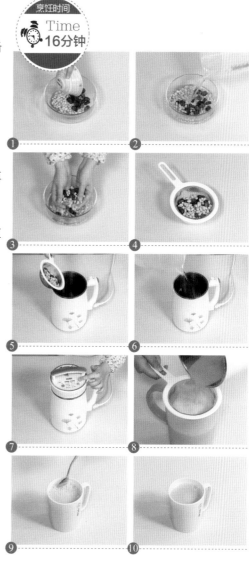

枸杞豆浆

◎难易度：★☆☆ ◎功效：养心润肺

烹饪时间
Time
17分钟

○原料

│ 枸杞30克，水发黄豆50克

○烹饪小提示

过滤豆浆时可一边倒一边搅拌，过滤效果会更好。

做法

❶ 将洗净的枸杞倒入豆浆机中，放入洗净的黄豆。

❷ 注入适量清水，至水位线即可。

❸ 选择"五谷"程序，开始打浆，15分钟后即成豆浆。

❹ 把豆浆倒入滤网，滤取豆浆，倒入杯中，撇去浮沫即可。

✎ 做 法

❶ 将浸泡4小时的大米和浸泡8小时的黄豆洗净。

❷ 把洗好的食材倒入滤网，沥干水分。

❸ 倒入豆浆机，注入适量清水，至水位线即可。

❹ 选择"五谷"程序，待豆浆机运转约20分钟，即成豆浆。

❺ 将豆浆机断电，把豆浆倒入滤网，滤取豆浆倒入碗中即可。

烹饪时间
Time
21分钟

米香豆浆

●难易度：★☆☆　　●功效：增强免疫

🍲原 料

水发大米20克，水发黄豆50克

◎ 烹饪小提示

用大米打浆的时间可以长一点，否则不易熟透。在食用黄豆时应将其煮熟、煮透，若黄豆半生不熟时食用，常会引起恶心、呕吐等症状。

南瓜豆浆

●难易度：★☆☆ ●功效：益气补血

烹饪时间
Time
16分钟

○ 原 料

南瓜块30克，水发黄豆50克

○ 烹饪小提示

吃南瓜前一定要仔细检查，如果发现
表皮有溃烂之处，或切开后散发出酒
精味等，则不可食用。

做 法

❶ 将已浸泡8小时的黄豆
洗净，倒入滤网，沥
干水分。

❷ 将南瓜块、黄豆倒入
豆浆机中，注水至水
位线即可。

❸ 选择"五谷"程序，
待豆浆机运转约15分
钟，即成豆浆。

❹ 把煮好的豆浆倒入滤
网，滤取豆浆倒入杯
中即可。

🖌 做 法

❶ 将浸泡8小时的豌豆清洗干净。

❷ 放入滤网，沥干。

❸ 放入豆浆机中，加水至水位线即可。

❹ 选择"五谷"程序，待豆浆机运转约15分钟，即成豆浆。

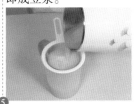

❺ 把豆浆倒入滤网，滤去豆渣，倒入小碗中，加入适量白糖，搅拌均匀至其溶化即可。

🕐 烹饪时间
Time
16分钟

豌豆豆浆

●难易度：★☆☆　●功效：益智健脑

🥣 原 料

水发豌豆100克

🥣 调 料

白糖适量

🍵 烹饪小提示

豌豆有和中益气、通乳的功效，是脱肛、慢性腹泻、子宫脱垂等中气不足症状的食疗佳品，哺乳期女性多吃点豌豆还可增加奶量。饮用此豆浆时，可以吃一些蛋白质含量较高的食物，更有利于营养吸收。

红绿二豆浆

◎难易度：★☆☆　◎功效：开胃消食

烹饪时间
Time
16分钟

🍅 原 料

水发红豆40克，水发绿豆40克

✎ 做 法

1.将已浸泡6小时的绿豆、红豆倒入碗中，注入适量清水，用手搓洗干净，把洗好的食材倒入滤网，沥干水分。2.将洗净的食材倒入豆浆机中，注入适量清水，至水位线即可，盖上豆浆机机头，选择"五谷"程序，再选择"开始"键，开始打浆，待豆浆机运转约15分钟，即成豆浆。3.将豆浆机断电，取下机头，把煮好的豆浆倒入滤网，滤取豆浆，将滤好的豆浆倒入杯中即可。

红枣豆浆

◎难易度：★☆☆　◎功效：益气补血

🍅 原 料

红枣肉8克，水发黄豆50克

🥄 调 料

白糖适量

✎ 做 法

1.将已浸泡8小时的黄豆倒入碗中，注入适量清水，用手洗净，倒入滤网，沥干水分。2.将备好的黄豆、红枣倒入豆浆机中，注入适量清水，至水位线即可，盖上豆浆机机头，选择"五谷"程序，再选择"开始"键，待豆浆机运转约15分钟，即成豆浆。3.将豆浆机断电，取下机头，把煮好的豆浆倒入滤网，滤取豆浆倒入杯中，加入少许白糖，搅拌均匀，至白糖溶化即可。

烹饪时间
Time
16分钟

Part 3

五谷杂粮豆浆，
搭配丰富更营养

　　五谷杂粮营养丰富，制作成豆浆饮用更是一种时尚。喝豆浆的好处很多，能养颜美容、强壮骨骼、增强体质，对人们来说是非常好的日常饮品。在豆浆机中加入任意的五谷杂粮，轻松制成口味各式的花色豆浆，为您和家人增添新鲜活力，带去阳光好生活。

红豆小米豆浆

●难易度：★☆☆　●功效：美容养颜

○ 原料

水发红豆120克，水发小米100克

烹饪时间
Time
20分钟

○ 烹饪小提示

小米具有益肾和胃的作用，对脾胃虚寒、反胃呕吐、体虚者有益。小米不要浸泡太久，以免营养成分流失。

✍ 做法

❶ 将红豆、小米洗净，倒入滤网中，沥干水分，待用。

❷ 将红豆、小米倒入豆浆机中，注入适量清水，至水位线即可。

❸ 选择"五谷"程序，待豆浆机运转约20分钟，即成豆浆。

❹ 倒入滤网中，滤取豆浆，倒入杯中，待稍凉后即可饮用。

做法

❶ 将已浸泡8小时的黄豆倒入碗中，再放入小米、燕麦，加水洗净。

❷ 将洗好的材料倒入滤网，沥干水分。

❸ 将洗好的材料倒入豆浆机中，注水至水位线。

❹ 选择"五谷"程序，待豆浆机运转约20分钟，即成豆浆。

❺ 把豆浆倒入滤网，滤取豆浆，倒入碗中，用汤匙撇去浮沫即可。

烹饪时间
Time
21分钟

燕麦小米豆浆

●难易度：★☆☆　●功效：清热解毒

🥄 原料

燕麦、小米各30克，水发黄豆50克

烹饪小提示

燕麦多用来做粥或做汤，还经常以麦片的形式作为保健品。燕麦一次不宜吃太多，否则会造成胃痉挛或是胀气。燕麦和小米用来做豆浆时可先泡发，这样更易打碎。

薏米荞麦红豆浆

◎难易度：★☆☆　◎功效：开胃消食

烹饪时间
Time
21分钟

原 料

水发薏米30克，水发荞麦35克，水发红豆50克

烹饪小提示

荞麦是老弱妇孺皆宜的食物，糖尿病患者更为适宜。此款豆浆的豆渣较多，可以多过滤一次。

做 法

❶ 将荞麦倒入碗中，放入薏米、红豆，加水洗净，过滤。

❷ 把洗好的材料倒入豆浆机中，注入适量清水，至水位线即可。

❸ 选择"五谷"程序，待豆浆机运转约20分钟，即成豆浆。

❹ 把煮好的豆浆倒出，装入杯中，待稍微放凉后即可饮用。

❖ 做 法

❶ 洗净的红枣去核。

❷ 将黄豆、红豆、薏米、芸豆洗净，倒入滤网，沥干水分。

❸ 把洗好的材料倒入豆浆机中，注水至水位线。

❹ 选择"五谷"程序，待豆浆机运转约20分钟，即成豆浆。

❺ 把豆浆倒入滤网，滤取豆浆，倒入碗中，用汤匙捞去浮沫即可。

烹饪时间
Time
25分钟

红枣薏米花生豆浆

◉难易度：★★☆ ◉功效：清热解毒

◉ 原 料

水发黄豆60克，水发红豆50克，花生米40克，红枣10克，芸豆45克，水发薏米70克

◎ 烹饪小提示

红豆以豆粒完整、颜色深红、大小均匀、紧实皮薄者为佳。色泽越深表明含铁量越多，药用价值越高。红枣去核后再打浆，能降低豆浆机的磨损。

玉米小米豆浆

◉难易度：★☆☆　　◉功效：增强免疫

烹饪时间
Time
21分钟

◉ 原 料

玉米碎8克，小米10克，水发黄豆40克

◉ 烹饪小提示

小米以皮薄米实、颜色金黄、无杂质者为佳。小米、玉米碎可泡发后再打浆，这样更易打碎。

◢ 做 法

❶ 将小米、玉米碎、黄豆洗净，倒入滤网，沥干水分。

❷ 将洗净的食材倒入豆浆机中，注入适量清水，至水位线即可。

❸ 选择"五谷"程序，待豆浆机运转约20分钟，即成豆浆。

❹ 把煮好的豆浆倒入滤网，滤取豆浆，倒入杯中即可。

🖊 做 法

❶ 将浸泡6小时的红豆和泡好的绿豆、薏米洗净。

❷ 将洗好的材料倒入滤网，沥干水分。

❸ 将洗好的材料倒入豆浆机中，注水至水位线。

❹ 选择"五谷"程序，待豆浆机运转约20分钟，即成豆浆。

❺ 把煮好的豆浆倒入杯中，撇去浮沫即可。

烹饪时间
Time
20分钟

薏米双豆浆

●难易度：★☆☆ ●功效：增强免疫

🥣 原 料

水发薏米30克，水发绿豆40克，水发红豆45克

◎ 烹饪小提示

红豆富含铁质，这个功能让气色红润，多摄取红豆，还有补血、促进血液循环、强化体力、增强抵抗力的效果。薏米可以多浸泡一段时间，否则不易打碎。

黑红绿豆浆

◉难易度：★☆☆ ◉功效：清热解毒

烹饪时间
Time
16分钟

◉ **原料**

水发黑豆40克、水发绿豆30克、水发红豆25克适量

◉ **调料**

白糖适量

◉ **烹饪小提示**

黑豆、红豆不容易泡发，可以使用温水泡发。

◉ **做法**

❶ 将绿豆、黑豆、红豆洗干净，倒入滤网，沥干水分。

❷ 将洗净的食材倒入豆浆机中，注入适量清水，至水位线即可。

❸ 盖上豆浆机机头，选择"五谷"程序，打成豆浆。

❹ 滤取豆浆倒入杯中，加入少许白糖，搅拌均匀即可。

烹饪时间
Time
15分钟

桂圆红豆豆浆

◉难易度：★☆☆　◉功效：开胃消食

◎ 原 料

水发红豆50克，桂圆肉30克

◎ 做 法

1.将已浸泡6小时的红豆洗净，倒入滤网，沥干水分备用。2.把洗好的红豆、桂圆肉倒入豆浆机中，注水至水位线；选择"五谷"程序，待豆浆机运转约15分钟，即成豆浆。3.把煮好的豆浆倒出，再倒入碗中，用汤匙撇去浮沫即可饮用。

百合红豆豆浆

◉难易度：★☆☆　◉功效：增强免疫

◎ 原 料

百合10克，水发红豆60克

◎ 调 料

白糖适量

◎ 做 法

1.将已浸泡6小时的红豆洗净，倒入滤网，沥干水分。2.将备好的百合、红豆倒入豆浆机中，注入适量清水，至水位线即可；盖上豆浆机机头，选择"五谷"程序，再选择"开始"键，待豆浆机运转约15分钟，即成豆浆。3.将豆浆机断电，取下机头，把煮好的豆浆倒入滤网，用汤匙搅拌，滤取豆浆，倒入碗中，放入白糖，搅拌均匀至其溶化即可饮用。

烹饪时间
Time
17分钟

鹰嘴豆豆浆

●难易度：★☆☆　●功效：降低血脂

烹饪时间
Time
16分钟

◎ 原 料

杏仁20克，鹰嘴豆30克，水发黄豆45克

◎ 烹饪小提示

杏仁内的脂肪油与挥发油可滋润肌肤，改善皮肤血液状态，使肌肤光滑细致、肉嫩有弹性。

✍ 做 法

1 把洗好的鹰嘴豆、杏仁倒入豆浆机中，倒入洗净的黄豆。

2 注入适量清水，至水位线即可。

3 选择"五谷"程序，待豆浆机运转约15分钟，即成豆浆。

4 把豆浆倒入滤网，滤取豆浆，倒入碗中，撇去浮沫即可。

🖊 做 法

❶ 将已浸泡8小时的黄豆洗净。

❷ 将洗好的黄豆倒入滤网，沥干水分。

❸ 把洗好的黄豆倒入豆浆机中，倒入洗净的玉米粒；注水至水位线。

❹ 选择"五谷"程序，待豆浆机运转约15分钟，即成豆浆。

❺ 把豆浆倒入滤网，滤取豆浆，倒入杯中，用汤匙撇去浮沫即可。

🕐 烹饪时间 Time 16分钟

玉米豆浆

●难易度：★☆☆ ●功效：保护视力

🔵 原 料

玉米粒45克，水发黄豆55克

💧 烹饪小提示

玉米有开胃益智、宁心活血、调理中气等功效，还能降低血脂肪，对于高血脂、动脉硬化、心脏病的患者有助益，并可延缓人体衰老、预防脑功能退化、增强记忆力。玉米胚芽营养价值较高，剥玉米粒时应尽量保留。

绿豆红枣豆浆

◉难易度：★☆☆　◉功效：益气补血

烹饪时间
Time
16分钟

◉ **原 料**

红枣4克，水发绿豆50克

◎ **烹饪小提示**

滤出的绿豆沙可以加点牛奶放入冰箱冷冻，口感也很好。

🔪 **做 法**

① 将已浸泡6小时的绿豆洗净，倒入滤网，沥干水分。

② 将红枣、绿豆倒入豆浆机中，注入适量清水，至水位线即可。

③ 选择"五谷"程序，待豆浆机运转约15分钟，即成豆浆。

④ 把煮好的豆浆倒入滤网，滤取豆浆即可。

做法

❶ 将已浸泡8小时的黄豆倒入碗中，加入糙米，注水洗净。

❷ 倒入滤网，沥干水分。

❸ 将洗好的黄豆、糙米、燕麦倒入豆浆机中，注水至水位线即可。

❹ 选择"五谷"程序，待豆浆机运转约20分钟，即成豆浆。

❺ 将豆浆机断电，取下机头，把煮好的豆浆倒入滤网，滤取豆浆即可。

烹饪时间
Time
21分钟

燕麦糙米豆浆

●难易度：★☆☆　●功效：美容养颜

原料

水发黄豆40克，燕麦10克，糙米5克

烹饪小提示

燕麦以浅土褐色、外观完整、散发清淡香味者为佳，有补益脾肾、润肠止汗、止血的作用。黄豆可用温水浸泡，这样能缩短浸泡的时间。

板栗燕麦豆浆

●难易度：★☆☆　●功效：益气补血

◎ 原 料

水发黄豆55克，水发燕麦40克，板栗肉20克

◎ 做 法

1. 洗净的板栗切小块，装入碗中，待用。
2. 在碗中倒入已浸泡4小时的燕麦，放入已浸泡8小时的黄豆。
3. 加入适量清水，用手搓洗干净。
4. 将洗好的材料倒入滤网，沥干水分。
5. 把备好的黄豆、燕麦和切好的板栗倒入豆浆机中。
6. 注入适量清水，至水位线即可。
7. 盖上豆浆机机头，选择"五谷"程序，再选择"开始"键，开始打浆。
8. 待豆浆机运转约20分钟，即成豆浆。
9. 将豆浆机断电，取下机头，把煮好的豆浆倒入滤网，滤取豆浆。
10. 倒入杯中，用汤匙捞去浮沫，待稍微放凉后即可饮用。

烹饪时间 Time 18分钟

◎ 烹饪小提示

板栗含有蛋白质、不饱和脂肪酸、糖类、B族维生素、钾、镁、铁、锌、锰等营养成分，具有益气补脾、健胃厚肠、强筋健骨等功效。此款豆浆多过滤几次，可使口感更纯滑。

红枣燕麦豆浆

◉难易度：★☆☆　◉功效：增强免疫

◎原料

燕麦20克，水发黄豆50克，红枣适量

烹饪时间
Time
21分钟

◎烹饪小提示

红枣有补中益气、养血安神的功效。燕麦可用温水泡软后再打浆。

◎做法

❶ 洗好的红枣切开，去核，切碎，将已浸泡8小时的黄豆洗净。

❷ 倒入滤网，沥干，把红枣、燕麦、黄豆倒入豆浆机中。

❸ 注水至水位线，选择"五谷"程序，待豆浆机运转约20分钟，即成豆浆。

❹ 把煮好的豆浆倒入滤网，滤取豆浆，倒入碗中，用汤匙撇去浮沫即可。

做法

❶ 洗净去皮的山药切片。

❷ 将浸泡8小时的黄豆洗净，倒入滤网，沥干。

❸ 将枸杞、燕麦、山药、黄豆倒入豆浆机中，注水至水位线即可。

❹ 选择"五谷"程序，待豆浆机运转约15分钟，即成豆浆。

❺ 将豆浆机断电，取下机头，把煮好的豆浆倒入滤网，滤取豆浆，倒入碗中即可。

烹饪时间
Time
16分钟

燕麦枸杞山药豆浆

◉难易度：★★☆ ◉功效：开胃消食

原 料

水发黄豆40克，枸杞5克，
燕麦15克，山药25克

烹饪小提示

切好的山药若不立即使用，可以泡在淡盐水中，能防止其氧化变黑。用山药烹饪菜肴时，可红烧、蒸、煮、油炸、拔丝、蜜炙等，也可制作糕点。山药宜去皮食用，以免产生麻、刺等异常口感。

燕麦板栗甜豆浆

◉难易度：★☆☆　◉功效：降低血糖

烹饪时间
Time
16分钟

◯ **原 料**

水发黄豆50克，板栗肉20克，水发燕麦
30克

◯ **调 料**

白糖适量

◯ **烹饪小提示**

板栗肉要切得小一点，以免损伤豆浆
机的刀片。

✐ **做 法**

❶ 将洗净的板栗肉切成
小块，备用。

❷ 把已浸泡8小时的黄豆
和燕麦，加水洗净，
放入滤网，沥干。

❸ 倒入豆浆机中，加入
板栗块，加水，选择
"五谷"程序，运转
约15分钟后即成豆浆。

❹ 把豆浆倒入滤网，滤
去豆渣，倒入碗中，
加入适量白糖，搅拌
均匀至其溶化即可。

做 法

❶ 将小米倒入碗中，倒入黄豆，放入泡好的高粱米，加水洗净。

❷ 将洗好的材料倒入滤网，沥干水分。

❸ 倒入豆浆机中，注水至水位线即可。

❹ 选择"五谷"程序，待豆浆机运转约20分钟，即成豆浆。

❺ 把豆浆倒入滤网，滤取豆浆，倒入杯中，用汤匙撇去浮沫即可。

烹饪时间
Time
21分钟

高粱小米豆浆

●难易度：★☆☆　●功效：清热解毒

🌐 原 料

水发黄豆50克，水发高粱米40克，小米35克

⚪ 烹饪小提示

高粱米作为主要谷物之一，除了能磨成面粉，制作成馒头等食品食用外，更因其果实含有单宁成分，香味独特，常被拿来酿酒、制醋、作为酒糟等。

高粱红枣豆浆

◎难易度：★☆☆　◎功效：增强免疫

Time 21分钟

◎ 原　料

水发高粱米50克，水发黄豆55克，红枣12克

◎ 烹饪小提示

高粱以饱满、色泽好、无杂质、无虫蛀，且带有清香气息为佳。红枣可先泡发再打浆，这样口感会更好。

◎ 做　法

① 洗净的红枣切开，去核，把果肉切成小块，备用。

② 将黄豆和泡发好的高粱米，加水洗净，倒入滤网，沥干水分。

③ 倒入豆浆机中，放入红枣，注水，选择"五谷"程序，运转20分钟后即成豆浆。

④ 将豆浆机断电，取下机头，把豆浆倒入滤网，滤取豆浆，倒入杯中即可。

烹饪时间
Time
21分钟

黑米蜜豆浆

◉难易度：★☆☆ ◉功效：开胃消食

原 料

| 水发黄豆30克，水发黑豆30克，黑米20克

调 料

| 蜂蜜适量

做 法

1.将已浸泡8小时的黑豆、黄豆倒入碗中，再放入黑米，注入适量清水，用手搓洗干净，倒入滤网，沥干水分。2.将洗净的食材倒入豆浆机中，注入适量清水，至水位线即可；盖上豆浆机机头，选择"五谷"程序，再选择"开始"键，待豆浆机运转约20分钟，即成豆浆。3.将豆浆机断电，取下机头，把豆浆倒入滤网，滤取豆浆，倒入碗中，加入少许蜂蜜，搅拌均匀即可。

黄米糯米豆浆

◉难易度：★☆☆ ◉功效：养心润肺

原 料

| 糯米20克，黄米10克，水发黄豆40克

做 法

1.将已浸泡8小时的黄豆倒入碗中，放入黄米、糯米，注入适量清水，用手搓洗干净，倒入滤网，沥干水分。2.将洗净的食材倒入豆浆机中，注入适量清水，至水位线即可；盖上豆浆机机头，选择"五谷"程序，再选择"开始"键，待豆浆机运转约20分钟，即成豆浆。3.将豆浆机断电，取下机头；把煮好的豆浆倒入滤网，滤取豆浆，倒入碗中即可。

烹饪时间
Time
21分钟

黄米豆浆

●难易度：★☆☆　●功效：增强免疫

烹饪时间
Time
22分钟

○ 原 料

水发黄豆60克，板栗肉30克，水发黄米
30克

○ 调 料

白糖适量

○ 烹饪小提示

板栗有健脾补肝，强身壮骨的作用。黄
米用温水泡久一些，能节省打浆时间。

✎ 做 法

❶ 洗好的板栗切成小块，待用。

❷ 将浸泡4小时的黄豆和浸泡8小时的黄米洗净，倒入滤网，沥干水分。

❸ 将洗好的食材放入豆浆机中，注水，选择"五谷"程序，运转约20分钟即成豆浆。

❹ 把豆浆倒入滤网，滤取豆浆，倒入碗中，加入白糖，拌至溶化即可饮用。

做 法

❶ 把大米、红豆装入碗中，倒入适量清水，用手搓洗干净。

❷ 倒入滤网中，沥干。

❸ 把洗好的红豆、大米、莲子、冰糖倒入豆浆机中，注水至水位线。

❹ 选择"五谷"程序，开始打浆，待豆浆机运转约15分钟，即成豆浆。

❺ 把豆浆倒入滤网，滤取豆浆，倒入杯中，待稍凉后即可饮用。

烹饪时间
Time
16分钟

百合红豆大米豆浆

●难易度：★☆☆　●功效：益气补血

◎原 料

水发大米40克，水发红豆40克，百合25克

◎调 料

冰糖适量

◎烹饪小提示

百合主要含生物素、秋水碱等多种生物碱和营养物质，有良好的营养滋补之功，特别是对病后体弱、神经衰弱等症大有裨益。要选用新鲜、没有变色的百合。

大米百合马蹄豆浆

⦿难易度：★☆☆ ⦿功效：清热解毒

🍎 原 料

水发黄豆40克，水发大米20克，马蹄50克，百合10克

🍶 调 料

白糖适量

✍ 做 法

1.洗净去皮的马蹄切小块。

2.把已浸泡4小时大米、浸泡8小时的黄豆倒入碗中。

3.注入适量清水。

4.用手搓洗干净。

5.将洗净的大米和黄豆倒入滤网，沥干水分。

6.把备好的黄豆、大米、百合、马蹄倒入豆浆机中。

7.倒入适量清水，至水位线即可。

8.盖上豆浆机机头，选择"五谷"程序，再选择"开始"键，开始打浆，待豆浆机运转约15分钟，即成豆浆。

9.将豆浆机断电，取下机头，把煮好的豆浆倒入滤网，滤取豆浆。

10.将豆浆装入碗中，放入适量白糖，搅拌匀，待稍凉后即可饮用。

烹饪时间
Time
16分钟

🔵 烹饪小提示

马蹄既可清热生津，又可补充营养，最宜用于发烧患者，它还具有凉血解毒、解热止渴、利尿通便、化湿祛痰、消食除胀等功效。煮熟的马蹄会变得更甜，因此不要放太多的糖。

核桃大米豆浆

◉难易度：★☆☆　◉功效：美容养颜

烹饪时间
Time
17分钟

◉ 原 料
| 水发黄豆、水发大米各30克，核桃仁10克

◉ 调 料
| 冰糖10克

◉ 烹饪小提示

此款豆浆由于食材较多，所以清水可以稍微多加些。

做 法

❶ 将大米、黄豆洗净，倒入滤网，沥干，倒入豆浆机。

❷ 加入核桃仁、冰糖，注入适量清水，至水位线即可。

❸ 选择"五谷"程序，开始打浆，运转约15分钟，即成豆浆。

❹ 把豆浆倒入滤网，滤取豆浆，倒入杯中，捞去浮沫即可饮用。

✏ 做 法

❶ 将绿豆、黄豆、大米洗干净。

❷ 把洗好的食材倒入滤网，沥干水分。

❸ 将薄荷叶、冰糖放入豆浆机中，倒入洗好的食材，注水至水位线。

❹ 选择"五谷"程序，待豆浆机运转约20分钟，即成豆浆。

❺ 把豆浆倒入滤网，用汤匙搅拌，滤取豆浆，倒入碗中即可饮用。

烹饪时间
Time
22分钟

薄荷大米二豆浆

●难易度：★☆☆　●功效：开胃消食

🍲 原 料

水发黄豆60克，水发绿豆50克，水发大米20克，新鲜薄荷叶适量

🍶 调 料

白糖适量

◎ 烹饪小提示

绿豆含蛋白质、糖类、膳食纤维、钙、铁、维生素B_1和维生素B_2等。绿豆具有清热消暑、利尿消肿、润喉止咳及明目降压之功效。此豆浆最好多放些水，以免过于浓稠。

荞麦大米豆浆

◉难易度：★☆☆　◉功效：养心润肺

烹饪时间
Time
21分钟

◎ 原 料

荞麦30克，水发大米40克，水发黄豆55克

◎ 烹饪小提示

豆浆可多过滤一次，能使豆浆的口感
更纯滑。

✎ 做 法

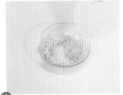

❶ 将已浸泡8小时的黄豆
和荞麦、大米洗净，
倒入滤网，沥干。

❷ 把洗好的食材倒入豆
浆机中，注入适量清
水，至水位线即可。

❸ 选择"五谷"程序，
待豆浆机运转约20分
钟，即成豆浆。

❹ 把豆浆倒入滤网，滤
取豆浆，倒入碗中，
撇去浮沫即可。

做法

❶ 将黄豆倒入碗中，再放入荞麦，加水洗净。

❷ 倒入滤网，沥干水分。

❸ 把枸杞、黄豆、枸杞倒入豆浆机中，注入适量清水，至水位线即可。

❹ 选择"五谷"程序，待豆浆机运转约15分钟，即成豆浆。

❺ 把豆浆倒入滤网，滤取豆浆，倒入杯中，用汤匙撇去浮沫即可。

烹饪时间
Time
16分钟

荞麦枸杞豆浆

●难易度：★☆☆　●功效：保护视力

原料

水发黄豆55克，枸杞25克，荞麦30克

烹饪小提示

荞麦含钙、镁、铁、维生素B_1等有效成分，对于高脂血症及因此而引起的心脑血管疾病具有良好的预防保健作用，是一种理想的保健食品。枸杞可用温水浸泡后再打浆，这样有利于发挥其功效。

小米豌豆豆浆

烹饪时间
Time
21分钟

◉难易度：★☆☆ ◉功效：保护视力

◎原料

水发小米35克，豌豆40克，水发黄豆
45克

◎烹饪小提示

黄豆用温水泡发会更好。

✎做法

① 将已浸泡好的黄豆、小米搓洗干净，倒入滤网，沥干水分。

② 把洗好的豌豆、黄豆、小米倒入豆浆机中，注水至水位线。

③ 选择"五谷"程序，再选择"开始"键，打成豆浆。

④ 把豆浆倒入滤网，滤取豆浆，倒入杯中即可饮用。

芡实豆浆

●难易度：★☆☆　●功效：益气补血

◎原料

水发芡实30克，水发黄豆50克

◎做法

1.将已浸泡8小时的黄豆和芡实洗净，倒入滤网，沥干水分，倒入豆浆机中。2.注入适量清水，至水位线即可。选择"五谷"程序，待豆浆机运转约20分钟，即成豆浆。3.把煮好的豆浆倒入滤网，滤取豆浆，倒入碗中，撇去浮沫即成。

小米红枣豆浆

●难易度：★☆☆　●功效：清热解毒

◎原料

小米20克，水发黄豆40克，红枣5克

◎做法

1.洗好的红枣切开，去核，切成小块，待用。2.将小米、已浸泡8小时的黄豆倒入碗中，注入适量清水，用手搓洗干净，倒入滤网，沥干水分，倒入豆浆机中，注入适量清水，至水位线即可；盖上豆浆机机头，选择"五谷"程序，再选择"开始"键，待豆浆机运转约20分钟，即成豆浆。3.将豆浆机断电，取下机头，把豆浆倒入滤网，滤取豆浆倒入杯中即可。

小米红豆浆

◉难易度：★☆☆　◉功效：开胃消食

烹饪时间
Time
21分钟

◎ 原 料

水发红豆40克，小米20克

◎ 烹饪小提示

此款豆浆可以不用滤去豆渣，养胃效果更好。

❖ 做 法

❶ 将已浸泡4小时的红豆、小米洗净，倒入滤网，沥干水分。

❷ 倒入豆浆机中，注入适量清水，至水位线即可。

❸ 选择"五谷"程序，待豆浆机运转约20分钟，即成豆浆。

❹ 把煮好的豆浆倒入滤网，滤取豆浆，倒入杯中即可。

🥄 做 法

❶ 将小米、绿豆倒入碗中，注入适量清水，用手搓洗干净。

❷ 倒入滤网，沥干水分。

❸ 将洗净的食材倒入豆浆机中，注水至水位线。

❹ 选择"五谷"程序，待豆浆机运转约20分钟，即成豆浆。

❺ 把煮好的豆浆倒入容器中，再倒入碗中，撒上备好的葡萄干即可。

烹饪时间
Time
21分钟

小米绿豆浆

◉难易度：★☆☆ ◉功效：开胃消食

🥦 原 料

| 小米30克，绿豆40克，葡萄干适量

🍵 烹饪小提示

小米中所含的色氨酸会促使一种使人产生睡意的五羟色胺促睡血清素分泌，所以小米也是很好的安眠食品。绿豆易发芽，所以要将绿豆放在阴凉处泡发。

杞枣双豆豆浆

◉难易度：★☆☆　◉功效：益气补血

◎原 料

红枣5克，枸杞8克，水发黄豆40克，水发绿豆30克

烹饪时间
Time
16分钟

◎ 烹饪小提示

绿豆不宜泡太久，以免发芽。服补药时不要吃绿豆，以免降低药效。

✎ 做 法

① 将洗净的红枣切开，去核，切小块。

② 将浸泡6小时的绿豆和浸泡8小时的黄豆洗净，倒入滤网，沥干水分。

③ 将绿豆、黄豆、红枣、枸杞倒入豆浆机中，注水，选择"五谷"程序打成豆浆。

④ 把豆浆倒入滤网，滤取豆浆，倒入碗中即可饮用。

做法

❶ 把洗好的松仁、黑豆倒入豆浆机中。

❷ 注水至水位线。

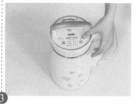

❸ 选择"五谷"程序，再选择"开始"键。

❹ 待豆浆机运转约15分钟，即成豆浆。

❺ 将豆浆机断电，取下机头，把煮好的豆浆倒入滤网，滤取豆浆，倒入碗中，用汤匙撇去浮沫即可。

烹饪时间
Time
16分钟

松仁黑豆豆浆

●难易度：★☆☆　●功效：安神助眠

⚲ 原 料

松仁20克，水发黑豆55克

⚙ 烹饪小提示

松仁可用温水泡发，这样能节省打浆的时间。黑豆以豆粒完整、大小均匀、乌黑的为佳，煮熟食用利肠，炒熟食用闭气，生食易造成肠道阻塞。

黑米双豆浆

●难易度：★☆☆　●功效：开胃消食

烹饪时间
Time
18分钟

○ 原 料

水发黑米30克，青豆20克，绿豆35克

○ 烹饪小提示

青豆在打浆前可先速冻一下，口感会更好。

做 法

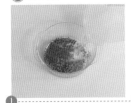
①将绿豆、黑米洗净，倒入滤网，沥干，倒入豆浆机中。

②把洗好的青豆倒入豆浆机中，注入适量清水，至水位线即可。

③选择"五谷"程序，待豆浆机运转约15分钟，即成豆浆。

④把豆浆倒入滤网，滤取豆浆，倒入碗中，捞去浮沫即可饮用。

做法

❶ 将黄豆、小米、黑米洗干净。

❷ 将洗好的材料倒入滤网，沥干水分。

❸ 把黄豆、黑米、小米倒入豆浆机中，注入适量清水，至水位线即可。

❹ 选择"五谷"程序，待豆浆机运转约15分钟，即成豆浆。

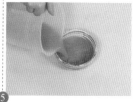

❺ 把豆浆倒入滤网，滤取豆浆，倒入碗中，用汤匙捞去浮沫即可。

烹饪时间
Time
18分钟

黑米小米豆浆

●难易度：★☆☆ ●功效：益气补血

原料

黑米30克，小米25克，水发黄豆45克

烹饪小提示

黑米以颜色黑亮、颗粒饱满，表面似有膜包裹者为佳，具有开胃益中、暖脾暖肝、明目活血、滑涩补精之功。此款豆浆加入适量蜂蜜或红糖，口感更佳。

黄豆黑米豆浆

◉难易度：★☆☆　◉功效：开胃消食

◎ 原 料

水发黄豆50克，黑米10克，葡萄干、枸
杞、黑芝麻各少许

烹饪时间
Time
21分钟

◎ 烹饪小提示

黑米吸水性较强，因此可适量地多加
点水。

🥄 做 法

❶ 将黑米、黄豆洗净，
倒入滤网，沥干，倒
入豆浆机中。

❷ 再加入枸杞、葡萄
干、黑芝麻，注水至
水位线即可。

❸ 选择"五谷"程序，
待豆浆机运转约20分
钟，即成豆浆。

❹ 把豆浆倒入滤网中，
滤取豆浆，倒入碗中
即可。

做 法

❶ 将浸泡8小时的黄豆和豌豆、黑米洗净。

❷ 把洗好的食材倒入滤网，沥干水分。

❸ 将洗净的食材倒入豆浆机中，注水至水位线。

❹ 选择"五谷"程序，待豆浆机运转约20分钟，即成豆浆。

❺ 把煮好的豆浆倒入滤网，滤取豆浆倒入杯中即可。

烹饪时间
Time
21分钟

黑米豌豆豆浆

●难易度：★☆☆　●功效：增强免疫

原 料

水发黄豆40克，豌豆10克，黑米10克

烹饪小提示

豌豆有和中益气、利小便、解疮毒、通乳及消肿的功效，是脱肛、慢性腹泻、子宫脱垂等中气不足症状的食疗佳品。豌豆剥好后最好立即使用，以免影响口感。

黑米黄豆豆浆

●难易度：★☆☆ ●功效：降低血压

烹饪时间
Time
2分钟

原料

水发黑豆120克，水发黄豆100克，水发黑米90克，水发薏米80克

调料

白糖适量

烹饪小提示

搅拌米浆时注入的清水不宜太多，以免冲淡了成品的味道。

做法

① 取榨汁机，倒入黄豆、黑豆，注水，选择"榨汁"功能，搅拌至材料成细末状。

② 倒出搅拌好的材料，用隔渣袋滤取豆汁，装入碗中，待用。

③ 取榨汁机，将黑米、薏米搅拌成细末状，即成米浆。

④ 汤锅置于火上，倒入豆汁、米浆，煮沸，掠去浮沫；加入白糖煮至溶化即成。

做 法

① 将姜片切小块，备用。

② 把备好的花生米、姜片倒入豆浆机中，倒入洗好的黄豆。

③ 注水，选择"五谷"程序，开始打浆。

④ 待豆浆机运转约20分钟，即成豆浆，倒入滤网，滤取豆浆。

⑤ 倒入碗中，用汤匙撇去浮沫即可。

烹饪时间
Time
21分钟

姜汁花生豆浆

●难易度：★☆☆　●功效：增强记忆力

● 原 料

花生米35克，姜片12克，
水发黄豆55克

○ 烹饪小提示

花生米含有蛋白质、不饱和脂肪酸、维生素E、维生素K、钙、磷、铁等营养成分，具有醒脾和胃、润肺化痰、增强记忆力等功效。若不喜欢姜味，可以加些冰糖调味。

紫薯山药豆浆

●难易度：★★☆　●功效：增强免疫

🥕 原 料

山药20克，紫薯15克，水发黄豆50克

🥢 做 法

1. 洗净去皮的山药切成滚刀块，待用；洗好的紫薯对半切开，再切块，备用。
2. 将已浸泡8小时的黄豆倒入碗中，注入适量清水。
3. 用手搓洗干净。
4. 把洗好的黄豆倒入滤网，沥干水分。
5. 将备好的紫薯、山药、黄豆倒入豆浆机中。
6. 注入适量清水，至水位线即可。
7. 盖上豆浆机机头，选择"五谷"程序，再选择"开始"键，开始打浆。
8. 待豆浆机运转约15分钟，即成豆浆。
9. 将豆浆机断电，取下机头。
10. 把煮好的豆浆倒入滤网中，滤取豆浆，倒入杯中即可。

🍲 烹饪小提示

紫薯含有淀粉、果胶、纤维素及多种维生素，具有促进消化、增强免疫力、滋补肝肾等功效。

烹饪时间
Time
21分钟

百合银耳黑豆浆

●难易度：★☆☆ ●功效：增强免疫

烹饪时间
Time
17分钟

◎ 原 料

水发黑豆70克，水发银耳30克，百合8克

◎ 调 料

白糖适量

◎ 烹饪小提示

银耳宜用开水泡发，泡发后应去掉未发开的部分，特别是那些呈淡黄色的东西。

✎ 做 法

❶ 将已浸泡8小时的黑豆洗净，倒入滤网，沥干水分。

❷ 将泡发好的银耳掐去根部，撕成小块。

❸ 把黑豆、银耳、百合倒入豆浆机中，注水，选择"五谷"程序打成豆浆。

❹ 把煮好的豆浆倒入滤网，滤取豆浆，倒入碗中，放入白糖，拌至其溶化即可。

👆 做 法

❶ 把洗好的黑芝麻、核桃仁倒入豆浆机中，倒入已浸泡8小时的黑豆。

❷ 注水至水位线即可。

❸ 选择"五谷"程序，再选择"开始"键。

❹ 待豆浆机运转约15分钟，即成豆浆。

❺ 把煮好的豆浆倒入滤网，滤取豆浆，倒入碗中，捞去浮沫，待稍微放凉后即可饮用。

烹饪时间
Time
17分钟

黑豆核桃芝麻豆浆

●难易度：★☆☆ ●功效：保肝护肾

🥄 原 料

核桃仁20克，黑芝麻25克，水发黑豆50克

⭕ 烹饪小提示

核桃仁含有丰富的磷脂和赖氨酸，适合长期从事脑力劳动或体力劳动者食用，能有效补充脑部营养、健脑益智、增强记忆力。去掉核桃仁的黄色外皮后再打浆，可使豆浆的口感和色泽更佳。

黑豆核桃豆浆

◎难易度：★☆☆　◎功效：养心润肺

◎ 原 料

核桃仁15克，水发黑豆45克

烹饪时间
Time
17分钟

◎ 烹饪小提示

核桃仁可先掰成小块再打浆，这样更易打碎。

🥄 做 法

① 把洗好的核桃仁倒入豆浆机中，倒入洗净的黑豆。

② 注入适量清水，至水位线即可。

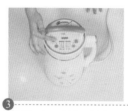

③ 选择"五谷"程序，待豆浆机运转约15分钟，即成豆浆。

④ 把煮好的豆浆倒入滤网，滤取豆浆，倒入杯中即可。

💉 做法

❶ 将已浸泡8小时的黄豆洗干净。

❷ 把洗好的黄豆倒入滤网，沥干水分。

❸ 将枸杞、核桃仁、黄豆倒入豆浆机中，注水至水位线即可。

❹ 选择"五谷"程序，待豆浆机运转约15分钟，即成豆浆。

❺ 把煮好的豆浆倒入滤网中，滤取豆浆倒入碗中即可。

烹饪时间
⏱ Time
16分钟

枸杞核桃豆浆

●难易度：★☆☆ ●功效：益智健脑

🍲 原 料

水发黄豆50克，核桃仁5克，枸杞5克

🔵 烹饪小提示

核桃以大而饱满、色泽黄白、油脂丰富、无油臭味且味道清香的为佳。枸杞可以先泡发后再打浆，这样能更好地析出其有效成分。

黑豆银耳豆浆

◉难易度：★☆☆　◉功效：美容养颜

烹饪时间
Time
16分钟

◉ 原　料

　水发黑豆50克，水发银耳20克

◉ 调　料

　白糖适量

◉ 烹饪小提示

泡发的银耳可用自来水冲洗一会儿，这样更易清洗干净。

◉ 做　法

❶ 将已浸泡8小时的黑豆洗净，倒入滤网，沥干水分。

❷ 将黑豆、银耳倒入豆浆机中，注入适量清水，至水位线即可。

❸ 选择"五谷"程序，待豆浆机运转约15分钟，即成豆浆。

❹ 把煮好的豆浆倒入滤网，滤取豆浆，倒入碗中，加入白糖，拌至白糖溶化即可。

🖊 做 法

1 把洗好的黑芝麻、黑豆倒入豆浆机中。

2 注水至水位线即可。

3 选择"五谷"程序，再选择"开始"键，开始打浆。

4 待豆浆机运转约15分钟，即成豆浆。

5 把煮好的豆浆倒入滤网，滤取豆浆，倒入碗中，撇去浮沫即可。

烹饪时间
Time
17分钟

黑芝麻黑豆浆

●难易度：★☆☆　●功效：保肝护肾

🥣 原 料

黑芝麻30克，水发黑豆45克

◯ 烹饪小提示

黑芝麻有轻微苦味，可加入少许冰糖调味。黑芝麻适宜肝肾不足所致的眩晕、眼花、视物不清、腰酸腿软、耳鸣耳聋、发枯发落、头发早白之人食用。

红豆桂圆豆浆

◉难易度：★☆☆　　◉功效：益气补血

◉ 原料

水发红豆120克，桂圆肉20克

烹饪时间
Time
23分钟

◎ 烹饪小提示

桂圆肉可先用温水泡发，这样有利于营养成分的析出。

✿ 做法

❶ 将已浸泡4小时的红豆洗净，倒入滤网，沥干水分，待用。

❷ 取豆浆机，倒入洗净的红豆、桂圆，注水至水位线。

❸ 选择"五谷"程序，待豆浆机运转约20分钟，即成豆浆。

❹ 把豆浆倒入滤网，滤取豆浆，倒入碗中，稍凉后即可饮用。

🥄 做 法

❶ 将黑米、红豆倒入碗中，放入已浸泡8小时黄豆，一起用水洗净。

❷ 倒入滤网，沥干水分。

❸ 将洗好的材料倒入豆浆机中，注水至水位线。

❹ 选择"五谷"程序，再待豆浆机运转约20分钟，即成豆浆。

❺ 把豆浆倒入滤网，滤取豆浆，倒入碗中，用汤匙捞去浮沫即可。

烹饪时间
Time
21分钟

红豆黑米豆浆

●难易度：★☆☆　●功效：增强免疫

🌱 原 料

红豆30克，黑米35克，水发黄豆45克

💧 烹饪小提示

红豆以豆粒完整、颜色深红、大小均匀、紧实皮薄者为佳。色泽越深表明含铁量越多，药用价值越高。此款豆浆可以根据个人喜好加入白糖或冰糖调味。

黄豆红枣糯米豆浆

◎难易度：★☆☆　◎功效：益气补血

烹饪时间
Time
17分钟

◎原料

黄豆50克，糯米20克，红枣20克

◎烹饪小提示

红枣使用之前要先去核，以免损伤豆浆机。

✎做法

❶ 将已浸泡8小时的黄豆倒入碗中，放入糯米，加水洗净，倒入滤网，滤去水分。

❷ 倒入豆浆机中，再加入洗净的红枣，注水至水位线。

❸ 选择"五谷"程序，待豆浆机运转约15分钟，即成豆浆。

❹ 把煮好的豆浆倒入滤网，滤取豆浆，倒入碗中，用汤匙捞去浮沫即可。

做法

❶ 洗净的银耳切块；洗好的红枣去核，切块。

❷ 将浸泡6小时的红豆洗净，倒入滤网，沥干。

❸ 倒入豆浆机中，放入红枣、银耳，加入白糖，注水至水位线。

❹ 选择"五谷"程序，待豆浆机运转约15分钟，即成豆浆。

❺ 把煮好的豆浆倒入滤网，滤取豆浆，倒入杯中即可。

烹饪时间
Time
17分钟

银耳红豆红枣豆浆

●难易度：★☆☆　●功效：益气补血

🥕 原料

水发银耳45克，水发红豆50克，红枣8克

🧂 调料

白糖少许

🍳 烹饪小提示

银耳能提高肝脏解毒能力，保护肝脏功能，它不但能增强机体抗肿瘤的免疫能力，还能增强肿瘤患者对放疗、化疗的耐受力。银耳根部的杂质较多，最好将其切除。

红薯山药小米豆浆

◉难易度：★★☆ ◉功效：开胃消食

烹饪时间
Time
17分钟

◉ 原 料

黄豆30克，红薯丁、山药丁各15克，大米、小米、燕麦各10克

◉ 调 料

白糖适量

◉ 烹饪小提示

滤除豆渣时，搅拌的动作要轻慢，以免豆浆溢出。

✎ 做 法

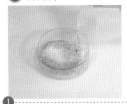

❶ 将黄豆倒入碗中，放入大米、小米，加水洗净，倒入滤网，滤去水分。

❷ 倒入豆浆机中，再加入红薯丁、山药丁、燕麦，注入适量清水，至水位线即可。

❸ 选择"五谷"程序，待豆浆机运转约15分钟，即成豆浆。

❹ 把豆浆倒入滤网，滤取豆浆，倒入碗中，加入白糖，搅拌均匀至其溶化即可。

🍃 做 法

❶ 将已浸泡8小时的黄豆洗干净。

❷ 倒入滤网，沥干水分。

❸ 将黄豆、黑芝麻、红薯倒入豆浆机中，注入水至水位线。

❹ 选择"五谷"程序，待豆浆机运转约15分钟，即成豆浆。

❺ 把豆浆倒入滤网，滤取豆浆，倒入杯中，加入白糖，搅拌至其溶化。

烹饪时间
Time
16分钟

红薯芝麻豆浆

●难易度：★☆☆　●功效：开胃消食

🍲 原 料

水发黄豆40克，红薯块30克，黑芝麻5克

🍮 调 料

白糖适量

🍵 烹饪小提示

红薯的蛋白质含量高，可弥补大米、白面中的营养缺失，经常食用可提高人体对主食中营养的利用率，使人身体健康，延年益寿。红薯最好切得小一点，这样更易打碎。

红薯豆浆

◉难易度：★☆☆　◉功效：增强免疫

◉ 原　料
水发黄豆50克，红薯块50克

◉ 调　料
白糖适量

烹饪时间
Time
17分钟

◉ 烹饪小提示
黄豆可用温水泡发，这样能缩短泡发的时间。

◉ 做 法

❶ 将已浸泡8小时的黄豆洗净，倒入滤网，沥干水分。

❷ 将红薯、黄豆倒入豆浆机中，注入适量清水，至水位线即可。

❸ 选择"五谷"程序，待豆浆机运转约15分钟，即成豆浆。

❹ 把煮好的豆浆倒入滤网，滤取豆浆，倒入杯中，加入白糖，搅拌至其溶化即可。

做法

1 洗净去皮的紫薯切成小块，备用。

2 将已浸泡8小时的黄豆搓洗干净，倒入滤网，沥干水分。

3 把燕麦片、黄豆、紫薯、冰糖倒入豆浆机中，注入适量清水，至水位线即可。

4 盖上豆浆机机头，待豆浆机运转约15分钟，即成豆浆。

5 把煮好的豆浆倒入滤网，滤取豆浆，倒入碗中，用汤匙撇去浮沫即可。

烹饪时间
Time
21分钟

燕麦紫薯豆浆

●难易度：★★☆ ●功效：增强免疫

🥕 原料

紫薯35克，燕麦片15克，水发黄豆40克

🧂 调料

冰糖适量

🌀 烹饪小提示

燕麦以浅土褐色、外观完整、散发清淡香味者为佳，有补益脾肾、润肠止汗、止血的作用。燕麦可用温水泡软后再打浆。

紫薯豆浆

●难易度：★☆☆ ●功效：增强免疫

烹饪时间
Time
18分钟

原料

紫薯30克，水发黄豆40克，芡实10克，糙米15克，水发小米20克，牛奶150毫升

烹饪小提示

将紫薯切得小一些，可以降低豆浆机的磨损。

做法

① 洗净的紫薯切成滚刀块，将小米倒入碗中，放入芡实、糙米、黄豆，洗净。

② 加水洗净，倒入滤网，沥干，倒入豆浆机中，放入紫薯块，倒入牛奶。

③ 注水至水位线，选择"五谷"程序，待豆浆机运转约15分钟，即成豆浆。

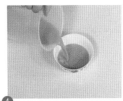

④ 把豆浆倒入滤网，滤取豆浆即可。

🔹 做 法

❶ 洗净去皮的南瓜切丁。

❷ 洗好的紫薯切丁。

❸ 将已浸泡8小时的黄豆
搓洗干净，倒入滤网，
沥干水分。

❹ 将黄豆、紫薯、南瓜倒
入豆浆机中，注水，
盖上豆浆机机头，选择
"开始"键，运转约15
分钟，即成豆浆。

❺ 把煮好的豆浆倒入滤
网，滤取豆浆，倒入碗
中即可。

烹饪时间
⏰ Time
12分钟

紫薯南瓜豆浆

◉难易度：★★☆ ◉功效：益气补血

🥣 原 料

南瓜20克，紫薯30克，水发黄豆50克

🔵 烹饪小提示

南瓜含有较丰富的维生素A、B族维生素、维生素C，南瓜中
维生素A的含量几乎为瓜菜之首。紫薯本身带有糖味，冰糖
可以适量少放些。

南瓜二豆浆

◉难易度：★☆☆ ◉功效：清热解毒

烹饪时间
Time
16分钟

◯ **原 料**

水发红豆40克，水发绿豆40克，南瓜块30克

◯ **烹饪小提示**

泡发绿豆时，要将其放在阴凉的地方，以免发芽。

🥄 **做 法**

❶ 将已浸泡4小时的红豆、绿豆洗净，倒入滤网，沥干水分。

❷ 将红豆、绿豆、南瓜倒入豆浆机中，注水至水位线即可。

❸ 选择"五谷"程序，待豆浆机运转约15分钟，即成豆浆。

❹ 把煮好的豆浆倒入滤网，滤取豆浆，倒入杯中即可。

🖊 做 法

❶ 洗净去皮的南瓜切片，改切成小块，备用。

❷ 将大米、黄豆洗净，倒入滤网，沥干水分。

❸ 把洗好的材料倒入豆浆机中，加入南瓜，注入水至水位线即可。

❹ 选择"五谷"程序，再待豆浆机运转约20分钟，即成豆浆。

❺ 把豆浆倒入滤网，滤取豆浆，倒入杯中，用汤匙捞去浮沫即可。

烹饪时间
Time
25分钟

南瓜大米黄豆浆

●难易度：★★☆ ●功效：降低血脂

🍠 原 料

南瓜100克，水发黄豆50克，大米40克

💧 烹饪小提示

吃南瓜前一定要仔细检查，如果发现表皮有溃烂之处，或切开后散发出酒精味等，则不可食用。豆浆打好后可以加适量白糖调味。

南瓜枸杞燕麦豆浆

●难易度：★★☆　●功效：开胃消食

烹饪时间
Time
21分钟

🍲 原料

南瓜80克，枸杞15克，水发黄豆45克，
燕麦40克

🥄 调料

冰糖适量

🍵 烹饪小提示

要选择个体结实、表皮无破损、无虫
蛀的南瓜。南瓜瓜瓤要刮除干净，以
减少豆浆杂质。

✍ 做法

❶
洗净去皮的的南瓜切
成块。

❷
将黄豆和燕麦洗净，
倒入滤网，沥干，倒
入豆浆机中，放入南
瓜、枸杞。

❸
加冰糖，注水，选择
"五谷"程序，待豆
浆机运转约20分钟，
即成豆浆。

❹
把豆浆倒入滤网，滤
取豆浆，倒入碗中，
捞去浮沫即可。

做法

❶ 洗净去皮的南瓜切条块；洗好的红枣切开，去核，再切成小块。

❷ 将南瓜块、黄豆、红枣放入豆浆机中。

❸ 注水至水位线即可。

❹ 选择"五谷"程序，待豆浆机运转约15分钟，即成豆浆。

❺ 把豆浆倒入滤网，滤取豆浆，倒入碗中，用汤匙捞去浮沫即可。

烹饪时间
Time
17分钟

南瓜红枣豆浆

●难易度：★★☆ ●功效：清热解毒

原料

南瓜60克，红枣15克，水发黄豆65克

烹饪小提示

南瓜可能调整糖代谢、增强肌体免疫力，还能防止血管动脉硬化，具有防癌功效。南瓜尽量切得小一些，这样更易打碎。

苹果花生豆浆

◉难易度：★★☆ ◉功效：养心润肺

○原料

花生米20克，水发黄豆45克，苹果70克

烹饪时间
Time
17分钟

○ 烹饪小提示

苹果有生津止渴、养心润肺、健脾益胃等功效。花生米的红衣营养价值较高，可不用去除。

做法

❶ 洗净去核的苹果切小块，将浸泡8小时的黄豆倒入碗中，放入花生米洗净。

❷ 将洗好的材料倒入滤网，沥干，倒入豆浆机中，放入苹果块。

❸ 注水，选择"五谷"程序，运转约15分钟，即成豆浆。

❹ 把煮好的豆浆倒入滤网，滤取豆浆，倒入杯中即可。

做法

❶ 洗净去皮的山药切小块，备用。

❷ 把蜜枣、山药、黄豆倒入豆浆机中。

❸ 注水至水位线即可。

❹ 选择"五谷"程序，待豆浆机运转约15分钟，即成豆浆。

❺ 把煮好的豆浆倒入滤网，滤取豆浆，倒入杯中，撇去浮沫即可。

烹饪时间 Time 16分钟

蜜枣山药豆浆

⬤难易度：★★☆ ⬤功效：开胃消食

原料

蜜枣20克，山药55克，水发黄豆50克

烹饪小提示

山药以洁净、无畸形或分枝、根须少、没有腐烂和虫害、切口处有粘手的黏液，而且较重者较好。蜜枣可以切成小块，以节省打浆的时间。

山药南瓜豆浆

●难易度：★★☆　●功效：益气补血

烹饪时间
Time
21分钟

原料

山药30克，南瓜30克，水发黄豆50克，燕麦10克，小米10克，大米10克

烹饪小提示

可以将小米和大米泡发后再打浆，这样能减少豆浆机的磨损。

做法

1 洗净去皮的南瓜、山药切成丁，备用。

2 将黄豆、燕麦、小米、大米洗净，滤过沥干，将山药、南瓜倒入豆浆机。

3 放入洗净的食材，注水，选择"五谷"程序，待豆浆机运转约20分钟，即成豆浆。

4 把豆浆倒入滤网中，滤取豆浆，倒入碗中即可。

🔪 做 法

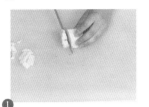

❶ 洗净的山药去皮，切片，再切成小块。

❷ 将黄豆洗净，倒入滤网，沥干水分。

❸ 把黄豆倒入豆浆机中，放入枸杞、山药，注水至水位线。

❹ 选择"五谷"程序，待豆浆机运转约15分钟，即成豆浆。

❺ 滤取豆浆，倒入杯中，用汤匙撇去浮沫即可。

烹饪时间
Time
16分钟

山药枸杞豆浆

●难易度：★★☆ ●功效：清热解毒

🌀 原 料

枸杞15克，水发黄豆60克，山药45克

⭕ 烹饪小提示

山药是虚弱、疲劳或病愈者恢复体力的最佳食品，不但可以抗癌，对于癌症患者治疗后的调理也极具疗效。枸杞可用温水泡发后再打浆，这样更易发挥其功效。

山药绿豆豆浆

●难易度：★★☆ ●功效：增强免疫

烹饪时间
Time
16分钟

原 料
山药120克，水发绿豆40克，水发黄豆50克

调 料
白糖适量

烹饪小提示
切山药时可戴上一次性手套，以防皮肤发痒。

做 法

❶ 洗净去皮的山药切片，将绿豆、黄豆洗净，倒入滤网，沥干水分。

❷ 把洗好的食材倒入豆浆机中，加入适量白糖，注入适量清水，至水位线即可。

❸ 选择"五谷"程序，再选择"开始"键，待豆浆机运转约15分钟，即成豆浆。

❹ 把豆浆倒入滤网，滤取豆浆，倒入碗中，撇去浮沫即可。

✏️ 做 法

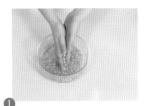

❶ 将豌豆、黄豆洗净。

❷ 将洗好的材料倒入滤网，沥干水分。

❸ 倒入豆浆机中，放入山药、冰糖，注入适量清水，至水位线即可。

❹ 选择"五谷"程序，待豆浆机运转约15分钟，即成豆浆。

❺ 把豆浆倒入滤网，滤取豆浆，倒入碗中，用汤匙撇去浮沫即可。

烹饪时间
Time
16分钟

山药豌豆豆浆

●难易度：★★☆ ●功效：开胃消食

🌱 原 料

山药块50克，豌豆30克，水发黄豆55克

🥣 调 料

冰糖适量

🍲 烹饪小提示

豌豆以色泽嫩绿、柔软、颗粒饱满、未浸水者为佳，有和中益气、利小便、解疮毒、通乳及消肿的功效。豆浆倒入滤网时，可边倒边搅拌，这样可避免豆浆溢出。

香芋燕麦豆浆

◉难易度：★★☆　◉功效：美容养颜

烹饪时间
Time
16分钟

🥄 原 料

芋头140克，燕麦片40克，水发黄豆40克

🍲 烹饪小提示

燕麦的淀粉含量较多，因此可多加些水，以免豆浆太黏稠。

🥢 做 法

❶ 洗净去皮的芋头切小块，将已浸泡8小时的黄豆洗净，倒入滤网，沥干水分。

❷ 把黄豆、燕麦片、芋头倒入豆浆机中，注入适量清水，至水位线即可。

❸ 选择"五谷"程序，再选择"开始"键，待豆浆机运转约15分钟，即成豆浆。

❹ 把煮好的豆浆倒入滤网，滤取豆浆，倒入碗中即可。

做法

❶ 把已浸泡8小时的黄豆和核桃仁倒入豆浆机中，注水至水位线。

❷ 加入少许蜂蜜。

❸ 选择"五谷"程序，待豆浆机运转约15分钟，即成豆浆。

❹ 把煮好的豆浆倒入滤网，搅拌，滤取豆浆，将豆浆倒入杯中。

❺ 放入适量白糖，搅拌均匀至其溶化即可饮用。

烹饪时间
Time
18分钟

蜂蜜核桃豆浆

●难易度：★☆☆ ●功效：益智健脑

原料

水发黄豆60克，核桃仁10克

调料

白糖、蜂蜜各适量

烹饪小提示

核桃仁含有亚油酸和大量的维生素E，更可提高细胞的生长速度，减少皮肤病、动脉硬化、高血压、心脏病等疾病，是养颜益寿的上佳食品。蜂蜜有甜味，也可以不加白糖。

桂圆花生豆浆

●难易度：★☆☆　●功效：安神助眠

烹饪时间
Time
16分钟

原 料

水发黄豆40克，水发花生米20克，桂圆肉8克

烹饪小提示

可先将桂圆肉泡软后再打浆，这样能更好地析出营养成分。

做 法

❶ 将浸泡8小时的黄豆和桂圆肉、花生米洗净，滤过沥干。

❷ 将洗净的食材倒入豆浆机中，注入适量清水，至水位线即可。

❸ 选择"五谷"程序，待豆浆机运转约15分钟，即成豆浆。

❹ 把煮好的豆浆倒入滤网，滤取豆浆，倒入杯中即可。

🖊 做 法

① 将黄豆洗干净。

② 倒入滤网，沥干水分。

③ 把洗好的黄豆、百合、枸杞倒入豆浆机中，注水至水位线。

④ 选择"五谷"程序，待豆浆机运转约15分钟，即成豆浆。

⑤ 把豆浆倒入滤网，滤取豆浆，倒入碗中，加入白糖，搅拌匀，捞去浮沫即可。

烹饪时间
Time
16分钟

枸杞百合豆浆

◉难易度：★☆☆　◉功效：养心润肺

🌶 原 料

水发黄豆80克，百合20克，枸杞10克

🥣 调 料

白糖15克

💬 烹饪小提示

新鲜百合用保鲜膜封好置于冰箱中可保存1周左右，将百合瓣开、切碎后再打豆浆，效果会更好。常食百合有润肺、清心、调中之效，可止咳、止血、开胃、安神。

枸杞黑芝麻豆浆

◉难易度：★☆☆ ◉功效：清热解毒

烹饪时间
Time
16分钟

◎ 原 料

| 水发黄豆75克，黑芝麻30克，枸杞20克

◎ 调 料

| 白糖10克

◎ 烹饪小提示

黑芝麻加热容易煳，所以要适量多加些水。

做 法

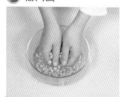

❶ 将黄豆洗净，倒入滤网，沥干水分。

❷ 把黄豆、枸杞、黑芝麻倒入豆浆机中，注水至水位线。

❸ 选择"五谷"程序，待豆浆机运转约15分钟，即成豆浆。

❹ 把豆浆倒入滤网，滤取豆浆，倒入碗中，加入白糖，拌匀，用汤匙捞去浮沫即可。

✎ 做 法

❶ 将黄豆洗净。

❷ 倒入滤网，沥干水分。

❸ 把黄豆、黑芝麻、核桃仁倒入豆浆机中，注水至水位线即可。

❹ 选择"五谷"程序，待豆浆机运转约15分钟，即成豆浆。

❺ 把豆浆倒入滤网，滤取豆浆，倒入杯中，加入白糖，搅拌均匀，用汤匙捞去浮沫即可。

烹饪时间
⏱ Time
16分钟

核桃黑芝麻豆浆

●难易度：★☆☆　●功效：清热解毒

🍲 原 料

水发黄豆50克，核桃仁、黑芝麻各15克

🥄 调 料

白糖10克

💡 烹饪小提示

黑芝麻有补肝益肾、强身的作用，并有润燥滑肠、通乳的作用。用生芝麻打出来的豆浆略有一点苦味，可先将黑芝麻炒熟后再使用。

核桃黑芝麻枸杞豆浆

◉难易度：★☆☆ ◉功效：增强免疫

烹饪时间
Time
17分钟

🍵 原 料

枸杞、核桃仁、黑芝麻各15克，水发黄
豆50克

🥄 烹饪小提示

核桃仁的皮膜有轻微的涩味，可以去
除后再打浆。

✍ 做 法

❶ 把洗好的枸杞、黑芝
麻、核桃仁倒入豆浆
机中。

❷ 倒入洗净的黄豆，注
入适量清水，至水位
线即可。

❸ 选择"五谷"程序，
待豆浆机运转约15分
钟，即成豆浆。

❹ 把煮好的豆浆倒入滤
网，滤取豆浆，倒入
碗中，用汤匙撇去浮
沫即可。

做法

❶ 取榨汁机，倒入洗净的黄豆，注水，搅拌至黄豆成细末状。

❷ 倒出搅拌好的材料，用滤网滤取豆汁。

❸ 取榨汁机，倒入核桃仁和豆汁，拌至核桃仁呈碎末状，即成生豆浆。

❹ 砂锅置火上，倒入生豆浆，煮沸，掠去浮沫。

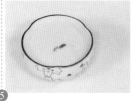

❺ 再加入白糖，用中火续煮至糖分溶化即成。

核桃豆浆

●难易度：★☆☆　　●功效：降低血压

🕐 烹饪时间 Time 20分钟

🥄 原料

水发黄豆120克，核桃仁40克

🥣 调料

白糖15克

🥢 烹饪小提示

黄豆中的大豆蛋白质和豆固醇，能明显地改善和降低血脂和胆固醇，从而降低患心血管疾病的概率。豆汁榨好后如不立即使用，最好封上保鲜膜，以免味道变酸。

核桃燕麦豆浆

●难易度：★☆☆ ●功效：清热解毒

烹饪时间
Time
16分钟

○ 原 料

水发黄豆80克，燕麦60克，核桃仁20克

○ 调 料

冰糖25克

○ 烹饪小提示

核桃仁有效补充脑部营养、健脑益智、增强记忆力的功效，可稍微泡一下，更易清洗干净。

○ 做 法

❶ 将燕麦、黄豆洗净，放入滤网，沥干水分，备用。

❷ 把黄豆、燕麦、核桃仁、冰糖放入豆浆机中，注入适量清水，至水位线即可。

❸ 选择"五谷"程序，待豆浆机运转约15分钟，即成豆浆。

❹ 把煮好的豆浆倒入滤网，滤取豆浆，倒入碗中，待稍微放凉后即可饮用。

⟨⟩ 做 法

❶ 将已浸泡8小时的黄豆和花生洗净。

❷ 把洗好的材料倒入滤网，沥干水分。

❸ 将花生米、黄豆、核桃仁、牛奶倒入豆浆机中，注水至水位线。

❹ 选择"五谷"程序，待豆浆机运转约15分钟，即成豆浆。

❺ 将豆浆机断电，取下机头，倒入滤网，滤取豆浆，倒入碗中即可。

烹饪时间
⏱ Time
16分钟

牛奶花生核桃豆浆

◉难易度：★☆☆　◉功效：益智健脑

🍲 原 料

花生米15克，核桃仁8克，牛奶20毫升，水发黄豆50克

◎ 烹饪小提示

花生含有大量的碳水化合物、多种维生素以及卵磷脂和钙、铁等20多种微量元素，对儿童、少年提高记忆力有益，对老年人有滋养保健之功。牛奶也可最后加入，奶香味会更浓。

杏仁槐花豆浆

◉难易度：★☆☆　◉功效：养心润肺

烹饪时间
Time
17分钟

◉ 原 料

水发黄豆50克，杏仁15克，槐花少许

◉ 调 料

蜂蜜适量

◉ 烹饪小提示

杏仁可在水中多浸泡一会儿，这样可减少有毒物质。

◉ 做 法

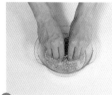

❶ 将黄豆洗净，倒入滤网，沥干水分。

❷ 倒入豆浆机中，放入杏仁、槐花，注水至水位线即可。

❸ 选择"五谷"程序，待豆浆机运转约15分钟，即成豆浆。

❹ 把豆浆倒入滤网，滤取豆浆，倒入杯中，加入蜂蜜，拌匀，撇去浮沫即可。

做法

❶ 将黄豆洗净。

❷ 将洗好的食材放入滤网，沥干水分。

❸ 把黄豆、核桃仁、杏仁、冰糖倒入豆浆机中，注水至水位线。

❹ 选择"五谷"程序，待豆浆机运转约15分钟，即成豆浆。

❺ 把豆浆倒入滤网，滤取豆浆，倒入碗中，待稍微放凉后即可。

烹饪时间
Time
16分钟

核桃杏仁豆浆

◉难易度：★☆☆ ◉功效：养心润肺

◉ 原 料

水发黄豆80克，核桃仁、杏仁各25克

◉ 调 料

冰糖20克

◉ 烹饪小提示

杏仁含有丰富的黄酮类和多酚类成分，能够降低人体内胆固醇的含量，还能显著降低心脏病和很多慢生疾病的发病危险。最好将豆浆多过滤一次，能使豆浆更佳。

风味杏仁豆浆

●难易度：★☆☆　●功效：养心润肺

○ 原 料
| 水发黄豆85克，杏仁25克

○ 调 料
| 白糖10克

烹饪时间
Time
16分钟

○ 烹饪小提示

杏仁在食用前要先在水中浸泡多次，并加热煮沸，以减少其中的有毒物质。

✎ 做 法

❶ 将黄豆洗干净，倒入滤网，沥干水分。

❷ 把黄豆、杏仁倒入豆浆机中，注入适量清水，至水位线即可。

❸ 选择"五谷"程序，待豆浆机运转约15分钟，即成豆浆。

❹ 把豆浆倒入滤网，滤取豆浆，倒入杯中，加入白糖，搅拌均匀，捞去浮沫即可。

🌀 **做 法**

❶ 将黑芝麻、花生米、杏仁、枸杞倒入豆浆机中，放入已浸泡8小时的黄豆。

❷ 注水至水位线即可。

❸ 选择"五谷"程序，待豆浆机运转约15分钟，即成豆浆。

❹ 把煮好的豆浆倒入滤网，滤取豆浆。

❺ 将豆浆倒入碗中，用汤匙捞去浮沫，待稍微放凉后即可饮用。

烹饪时间
Time
17分钟

醇香五味豆浆

●难易度：★☆☆ ●功效：益智健脑

🐷 **原 料**

水发黄豆50克，黑芝麻、枸杞各15克，花生米25克，杏仁20克

◎ **烹饪小提示**

花生具有健脾和胃、润肺化痰、清喉补气、理气化痰、通乳、利肾去水、降压止血的功效。各种食材都应提前浸泡好，这样打出的豆浆口感更佳。

核桃红枣抗衰豆浆

◉难易度：★☆☆　◉功效：益气补血

◎ **原 料**

红枣、核桃仁各15克，南瓜50克，水发
小麦40克

烹饪时间
Time
21分钟

◎ **烹饪小提示**

南瓜具有补中益气、增强免疫力、滋
养皮肤等功效。南瓜块可切得小一
点，这样更易打碎。

🔪 **做 法**

① 洗净去皮的南瓜切小块；洗好的红枣去核，切小块。

② 把小麦倒入豆浆机中，放入核桃仁、红枣、南瓜，注水。

③ 选择"五谷"程序，待豆浆机运转约20分钟，即成豆浆。

④ 倒入滤网，滤取豆浆，倒入杯中，用汤匙撇去浮沫即可。

做 法

1 将浸泡8小时的黄豆倒入碗中，放入花生米洗净，倒入滤网，沥干。

2 倒入豆浆机中，再放入黑芝麻，加入冰糖。

3 注水，选择"五谷"程序，开始打浆。

4 待豆浆机运转约15分钟，即成豆浆，倒入滤网，滤取豆浆。

5 倒入杯中，捞去浮沫，即可饮用。

烹饪时间
Time
16分钟

黑芝麻花生豆浆

◉难易度：★☆☆　◉功效：美容养颜

原料

黄豆50克，花生米30克，黑芝麻30克

调料

冰糖适量

烹饪小提示

黑芝麻含有氨基酸、维生素、卵磷脂等营养成分，具有益肝、补肾、养血、润燥、乌发、美容等作用，是极佳的保健美容食品。

葡萄干酸豆浆

◉难易度：★☆☆ ◉功效：开胃消食

🍶 原 料

水发黄豆40克，葡萄干少许

🥄 做 法

1.将已浸泡8小时的黄豆倒入碗中，注入适量清水。
2.用手搓洗干净。
3.把洗好的黄豆倒入滤网，沥干水分。
4.将备好的黄豆、葡萄干倒入豆浆机中。
5.注入适量清水，至水位线即可。
6.盖上豆浆机机头，选择"五谷"程序，再选择"开始"键，开始打浆。
7.待豆浆机运转约15分钟，即成豆浆。
8.将豆浆机断电，取下机头。
9.把煮好的豆浆倒入滤网，滤取豆浆。
10.将滤好的豆浆倒入杯中即可。

烹饪时间 Time 16分钟

🍵 烹饪小提示

葡萄干含有膳食纤维、葡萄糖、胡萝卜素、铜、铁、钙等营养成分，具有补肝肾、益气血、生津液、开胃消食等功效。将豆浆的泡沫撇去，口感会更好。

红枣枸杞豆浆

●难易度：★☆☆ ●功效：保肝护肾

烹饪时间
Time
16分钟

○ 原 料

水发黄豆50克，红枣肉5克，枸杞5克

○ 烹饪小提示

枸杞可先用清水泡一会儿，这样更易析出其有效成分。

✍ 做 法

❶ 将已浸泡8小时的黄豆洗干净，倒入滤网，沥干水分。

❷ 将枸杞、红枣、黄豆倒入豆浆机中，注水至水位线即可。

❸ 选择"五谷"程序，待豆浆机运转约15分钟，即成豆浆。

❹ 把煮好的豆浆倒入滤网，滤取豆浆，倒入杯中即可。

做法

1 将已浸泡8小时的黄豆洗干净。

2 把洗好的黄豆倒入滤网，沥干水分。

3 将黄豆、黑芝麻倒入豆浆机中，注入适量清水，至水位线即可。

4 选择"五谷"程序，待豆浆机运转约15分钟，即成豆浆。

5 把豆浆倒入滤网，滤取豆浆，倒入碗中，加入蜂蜜搅拌均匀即可。

烹饪时间
Time
16分钟

芝麻蜂蜜豆浆

●难易度：★☆☆　●功效：保肝护肾

原料

水发黄豆40克，黑芝麻5克，蜂蜜少许

烹饪小提示

黄豆富含蛋白质、钙、锌、铁、磷、糖类、膳食纤维、卵磷脂、异黄酮素、维生素B_1和E等。泡发黄豆时不要放在温度较高的地方，以免黄豆发酸。

葵花子豆浆

◆难易度：★☆☆　◆功效：增强免疫

烹饪时间
Time
16分钟

◎ 原　料

水发黄豆50克，葵花子35克

◎ 烹饪小提示

葵花子可先浸泡一会儿，这样更容易打碎。

✎ 做 法

❶ 将已浸泡8小时的黄豆洗干净，倒入滤网，沥干水分。

❷ 把葵花子、黄豆倒入豆浆机中，注水至水位线即可。

❸ 选择"五谷"程序，待豆浆机运转约15分钟，即成豆浆。

❹ 把煮好的豆浆倒入滤网，滤取豆浆，倒入杯中，用汤匙撇去浮沫即可。

做法

❶ 将已浸泡8小时的黄豆洗干净。

❷ 把洗好的黄豆倒入滤网，沥干水分。

❸ 将南瓜子、黄豆倒入豆浆机中，注入适量清水，至水位线即可。

❹ 选择"五谷"程序，待豆浆机运转约15分钟，即成豆浆。

❺ 把豆浆倒入滤网，滤取豆浆，倒入杯中即可。

烹饪时间 Time 16分钟

南瓜子豆浆

●难易度：★☆☆ ●功效：开胃消食

原料

水发黄豆60克，南瓜子50克

烹饪小提示

南瓜子含有丰富的锌等元素，能治疗男性前列腺的肿瘤病变，或因前列腺肿胀所引起的尿失禁、精液中带血等症状，也能治疗部分阳痿、部分早泄、尿无力。南瓜子可以干炒一下再烹制，味道会更香。

绿豆豌豆大米豆浆

●难易度：★☆☆　●功效：益气补血

原料

豌豆35克，水发大米40克，水发绿豆50克

做法

1.将已浸泡4小时的大米和已浸泡6小时的绿豆洗净。2.将洗好的材料倒入滤网，沥干水分。3.把洗好的材料放入豆浆机中，倒入洗净的豌豆，注入适量清水，至水位线即可。4.盖上豆浆机机头，选择"五谷"程序，再选择"开始"键，开始打浆，待豆浆机运转约20分钟，即成豆浆。5.将豆浆机断电，取下机头，倒出煮好的豆浆，再倒入碗中即可。

芝麻玉米豆浆

●难易度：★☆☆　●功效：美容养颜

原料

黑芝麻25克，玉米粒40克，水发黄豆45克

做法

1.把黑芝麻倒入豆浆机中，放入玉米粒，倒入洗净的黄豆，注入适量清水，至水位线即可。2.盖上豆浆机机头，选择"五谷"程序，再选择"开始"键，开始打浆，待豆浆机运转约20分钟，即成豆浆。3.将豆浆机断电，取下机头，把煮好的豆浆倒入滤网，滤取豆浆倒入碗中即可。

Part 4

美味豆浆补五脏

中医养生学讲究"五豆补五脏",即"红豆补心脏,绿豆补肝脏,黄豆补脾脏,白豆补肺脏,黑豆补肾脏",所以,无论吃豆子或者喝豆浆,都不妨选用红、黄、绿、白、黑5种颜色的豆子,不但符合每天吃五种颜色以上食物的营养新理念,而且营养全面,如果天天食用,您的心、肝、脾、肺、肾,每天都能得到滋养。

补心

薏米红豆豆浆

烹饪时间
Time
16分钟

●难易度：★☆☆　●功效：清热解毒

● 原 料

水发薏米50克，红豆55克

● 调 料

白糖适量

● 做 法

● 烹饪小提示

薏米硬度较大，可以多泡一段时间。薏米具有健脾利湿、清热、美容护肤、延缓衰老等功效。

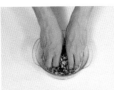

❶ 将浸泡4小时的薏米和浸泡6小时的红豆洗净，倒入滤网，沥干水分。

❷ 把洗好的食材倒入豆浆机中，加入白糖，注入水至水位线。

❸ 选择"五谷"程序，待豆浆机运转约15分钟，即成豆浆。

❹ 把豆浆倒入滤网，滤取豆浆，倒入杯中，捞去浮沫即可。

做 法

❶ 洗净的红枣切开，去核，切成块，备用。

❷ 将黄豆、小麦洗净，倒入滤网，沥干水分。

❸ 将核桃仁、黄豆、小米、红枣倒入豆浆机中，注水至水位线。

❹ 选择"五谷"程序，待豆浆机运转约20分钟，即成豆浆。

❺ 把豆浆倒入滤网，滤取豆浆，倒入杯中即可。

烹饪时间 Time 21分钟

小麦核桃红枣豆浆

●难易度：★☆☆　●功效：增强免疫

🔆 原料

水发黄豆50克，水发小麦30克，红枣、核桃仁各适量

🔵 烹饪小提示

红枣去核后再打浆，口感会更好。核桃含有蛋白质、亚油酸、B族维生素、叶酸、钙、磷、铁、铜、钾等营养成分，具有促进血液循环、增强免疫力、益智健脑等功效。

紫薯糯米豆浆

◆难易度：★☆☆ ◆功效：益气补血

🍵 原料

紫薯60克，水发黄豆50克，水发糯米65克

烹饪时间
Time
21分钟

🍵 烹饪小提示

紫薯块切得小一些，可以节省打浆的时间。

🍳 做法

❶ 洗净去皮的紫薯切开，切丁。

❷ 将黄豆、糯米洗净，倒入滤网，沥干，倒入豆浆机中。

❸ 放入紫薯，注水，选择"五谷"程序，待豆浆机运转约20分钟，即成豆浆。

❹ 把豆浆倒入滤网，滤取豆浆，倒入碗中，撇去浮沫即可。

⊘ 做法

① 将备好的松子仁、榛子仁倒入豆浆机中，放入开心果。

② 把洗好的黄豆倒入豆浆机中。

③ 加水至水位线即可。

④ 选择"五谷"程序，待豆浆机运转约20分钟，即成豆浆。

⑤ 把煮好的豆浆倒入滤网，滤取豆浆，倒入碗中，撇去浮沫即可。

烹饪时间
Time
21分钟

干果养心豆浆

◉难易度：★ ☆ ☆　　◉功效：保护视力

◔ 原 料

水发黄豆60克，榛子仁、开心果、松子仁各20克

◉ 烹饪小提示

松子含有丰富的维生素E和铁质，因而不仅可以减轻疲劳，还能延缓细胞老化、保持青春美丽、改善贫血等。干果可用温水泡发后再打浆，口感会更好。

红枣二豆浆

●难易度：★☆☆ ●功效：增强免疫

烹饪时间
Time
16分钟

原 料

| 红枣4克，水发红豆40克，水发绿豆35克

烹饪小提示

红豆要充分泡发了再打浆，味道会更香浓。

做 法

❶ 将已浸泡4小时的绿豆、红豆洗净，倒入滤网，沥干水分。

❷ 将洗净的食材倒入豆浆机，再加入洗好的红枣，注水。

❸ 选择"五谷"程序，待豆浆机运转约15分钟，即成豆浆。

❹ 把煮好的豆浆倒入滤网，滤取豆浆，倒入碗中即可。

✍ 做 法

❶ 将浸泡4小时的小麦、小米、大米以及浸泡8小时的黄豆洗净。

❷ 把洗好的食材倒入滤网，沥干水分。

❸ 倒入豆浆机中，注水至水位线即可。

❹ 选择"五谷"程序，待豆浆机运转约15分钟，即成豆浆。

❺ 把豆浆倒入滤网，滤取豆浆，倒入杯中即可。

烹饪时间
Time
16分钟

五谷豆浆

◉难易度：★☆☆ ◉功效：安神助眠

🥄 原 料

水发黄豆40克，水发小麦20克，水发小米10克，水发大米30克

◉ 烹饪小提示

小麦有养心益肾、清热止渴、调理脾胃的功效，特别适合体虚者食用。对于心血不足产生的失眠、心悸不安、情绪起伏大与歇斯底里者也有良好效果。用滤网过滤豆浆时，要边倒边搅动，这样会更易滤出。

燕麦黑芝麻豆浆

●难易度：★☆☆ ●功效：美容养颜

烹饪时间
Time
17分钟

◎ 原 料

燕麦、黑芝麻各20克，水发黄豆50克

◎ 烹饪小提示

将黑芝麻炒熟后再打浆，可以减轻其苦涩味。

◎ 做法

❶ 将燕麦、已浸泡8小时的黄豆洗净，倒入滤网，沥干水分。

❷ 把黑芝麻倒入豆浆机中，再放入燕麦、黄豆，注水。

❸ 选择"五谷"程序，待豆浆机运转约15分钟，即成豆浆。

❹ 把煮好的豆浆倒入滤网，滤取豆浆，倒入碗中，用汤匙捞去浮沫即可。

做法

❶ 将糯米、黄豆洗净。

❷ 将洗好的材料倒入滤网，沥干水分。

❸ 把黄豆、糯米、桂圆肉倒入豆浆机中，注水至水位线即可。

❹ 选择"五谷"程序，待豆浆机运转约15分钟，即成豆浆。

❺ 把豆浆倒入滤网，滤取豆浆，倒入杯中，加入白糖，搅拌均匀，用汤匙捞去浮沫即可。

烹饪时间
Time
17分钟

桂圆糯米豆浆

●难易度：★☆☆ ●功效：开胃消食

🍵 原料

水发黄豆50克，桂圆肉、糯米各15克

🍶 调料

白糖10克

🍵 烹饪小提示

糯米具有补中益气、止泻、健脾养胃、止虚汗、安神益心、调理消化和吸收的作用，对于脾胃虚弱、提疲乏力、多汗、呕吐者与经常性腹泻、痔疮、产后痢疾等症状有舒缓作用。糯米性粘，因此可以适量多加些清水。

莲子花生豆浆

●难易度：★☆☆　●功效：清热解毒

烹饪时间
Time
21分钟

○ **原　料**

水发黄豆50克，莲子25克，花生米20克

○ **调　料**

冰糖10克

○ **烹饪小提示**

花生的红衣含有较多的营养成分，可以不用去掉。

做 法

① 将浸泡8小时的黄豆和花生米、莲子洗净，倒入滤网，沥干。

② 把洗好的食材倒入豆浆机中，放入冰糖注入适量清水至水位线。

③ 选择"五谷"程序，待豆浆机运转约20分钟，即成豆浆。

④ 把豆浆倒入滤网，滤取豆浆，倒入杯中即可饮用。

💧 做 法

❶ 将已浸泡8小时的黄豆洗净。

❷ 把洗好的黄豆倒入滤网，沥干水分。

❸ 将黄豆、黑芝麻、牛奶倒入豆浆机中，注入水，至水位线即可。

❹ 选择"五谷"程序，待豆浆机运转约15分钟，即成豆浆。

❺ 把豆浆倒入滤网，滤取豆浆，倒入碗中即可。

烹饪时间
Time
16分钟

牛奶芝麻豆浆

◉难易度：★ ☆ ☆　　◉功效：增强免疫

🍶 原 料

牛奶80毫升，水发黄豆60克，黑芝麻10克

⊙ 烹饪小提示

芝麻富含蛋白质、铁、钙、磷、多种维生素、棕榈酸、亚油酸、卵磷脂、芝麻素、芝麻酚等，有补肝益肾、强身的作用，并有润燥滑肠、通乳的作用。黑芝麻可以先炒一下再打浆，味道会更香。

养肝

大米莲藕豆浆

●难易度：★☆☆　●功效：开胃消食

烹饪时间
Time
17分钟

○ 原 料
水发黄豆80克，水发绿豆50克，莲藕块85克，水发大米40克

○ 调 料
白糖10克

○ 烹饪小提示
由于食材较多，所以也要适量多加清水，以免豆浆过于浓稠。

○ 做 法

1 将黄豆、绿豆和大米洗净，倒入滤网，沥干水分。

2 把洗好的材料和莲藕倒入豆浆机中，注水至水位线即可。

3 选择"五谷"程序，待豆浆机运转约15分钟，即成豆浆。

4 把豆浆倒入滤网，滤取豆浆，倒入碗中，加入白糖拌匀，用汤匙捞去浮沫即可。

☑ 做 法

❶ 将已浸泡8小时的红豆
洗干净。

❷ 将洗好的材料倒入滤
网，沥干水分。

❸ 把黄豆和金橘块倒入豆
浆机中，注入清水，至
水位线。

❹ 选择"五谷"程序，待
豆浆机运转约15分钟，
即成豆浆。

❺ 把煮好的豆浆倒入滤
网，滤取豆浆，倒入杯
中，捞去浮沫即可。

金橘红豆浆

●难易度：★☆☆　●功效：美容养颜

烹饪时间
Time
17分钟

➲ 原 料

金橘块20克，水发红豆50克

💧 烹饪小提示

金橘的香气令人愉悦，具有行气解郁、生津消食、化痰利
咽的作用，是脘腹胀满、咳嗽多痰、咽喉肿痛者的食疗佳
品。金橘皮的营养价值很高，一定不能去皮。

玫瑰红豆豆浆

●难易度：★☆☆ ●功效：清热解毒

● 原 料

玫瑰花5克，水发红豆45克

● 烹饪小提示

玫瑰花可先泡发后再洗净，这样更易清除杂质。

● 做 法

❶ 将红豆洗干净，倒入滤网，沥干水分。

❷ 倒入豆浆机中，倒入洗好的玫瑰花，注水至水位线即可。

❸ 选择"五谷"程序，待豆浆机运转约15分钟，即成豆浆。

❹ 倒入滤网，滤取豆浆，倒入碗中，撇去浮沫即可。

☑ 做 法

❶ 将已浸泡8小时的黄豆洗干净。

❷ 将洗好的黄豆倒入滤网，沥干水分。

❸ 把洗好的黄豆倒入豆浆机中，倒入洗好的茉莉花，注水至水位线。

❹ 选择"五谷"程序，待豆浆机运转约15分钟，即成豆浆。

❺ 把豆浆倒入滤网，滤取豆浆，倒入杯中，加蜂蜜，拌匀后即可饮用。

烹饪时间
Time
17分钟

茉莉花豆浆

●难易度：★☆☆　●功效：清热解毒

◉原 料

水发黄豆55克，茉莉花10克

◉调 料

蜂蜜适量

◉ 烹饪小提示

黄豆含有蛋白质、B族维生素、大豆异黄酮及多种矿物质，具有增强免疫力、祛风明目、清热利水、活血解毒等功效。茉莉花可用温水浸泡，这样有利于去除杂质。

陈皮薏米豆浆

●难易度：★☆☆　●功效：开胃消食

○ 原 料

九制柠檬4克，九制陈皮4克，薏米20克，水发红豆40克

○ 烹饪小提示

柠檬味道极酸，一般都是做成饮料或果酱来吃，很少生食。豆渣也可以不用过滤，功效会更佳。

做 法

❶ 将已浸泡6小时的红豆和薏米洗干净，倒入滤网，沥干水分。

❷ 将九制陈皮、九制柠檬、薏米、红豆倒入豆浆机中，注水。

❸ 选择"五谷"程序，待豆浆机运转约15分钟，即成豆浆。

❹ 把豆浆倒入滤网，滤取豆浆，倒入碗中即可饮用。

做 法

① 把已浸泡8小时的黄豆倒入豆浆机中，放入洗好的玉米、枸杞。

② 注水至水位线即可。

③ 选择"五谷"程序，待豆浆机运转约15分钟，即成豆浆。

④ 将豆浆机断电，取下机头，把煮好的豆浆倒入滤网。

⑤ 滤取豆浆，倒入碗中，用汤匙撇去浮沫即可。

烹饪时间
Time
17分钟

玉米枸杞豆浆

●难易度：★☆☆ ●功效：清热解毒

原 料

水发黄豆45克，玉米粒35克，枸杞8克

烹饪小提示

玉米有开胃益智、宁心活血、调理中气等功效，还能降低血脂肪，对于高血脂、动脉硬化、心脏病的患者有助益，并可延缓人体衰老、预防脑功能退化增强记忆力。枸杞可先用温水浸泡。

木耳黑豆浆

●难易度：★☆☆ ●功效：益气补血

○**原 料**

水发木耳8克，水发黑米50克

烹饪时间
Time
17分钟

○**烹饪小提示**

黑豆不易消化，若胃不好的人食用此豆浆，可以适量减少其用量。

○**做 法**

❶ 将已浸泡8小时的黑豆洗净倒入滤网，沥干水分。

❷ 将洗好的木耳、黑豆倒入豆浆机中，注水。

❸ 选择"五谷"程序，待豆浆机运转约15分钟，即成豆浆。

❹ 把豆浆倒入滤网，滤取豆浆，倒入杯中即可饮用。

◉ 做 法

❶ 洗净的雪梨切成小块。

❷ 将黄豆倒入碗中，放入洗净的莲子，加水洗净，倒入滤网，沥干。

❸ 把洗好的材料倒入豆浆机中，放入白糖，注水至水位线即可。

❹ 选择"五谷"程序，待豆浆机运转约15分钟，即成豆浆。

❺ 把豆浆倒入滤网，滤取豆浆，倒入杯中，用汤匙捞去浮沫即可。

烹饪时间
Time
16分钟

雪梨莲子豆浆

◉难易度：★☆☆　◉功效：养心润肺

◉ 原 料

莲子20克，雪梨40克，水发黄豆50克

◉ 调 料

白糖少许

◉ 烹饪小提示

梨水分充足，富含多种维生素、矿物质和微量元素，能够帮助器官排毒、净化，还能软化血管、促进血液循环和钙质的输送、维持机体的健康。莲子心有苦味，可将其去除后再打浆。

青葱燕麦豆浆

●难易度：★☆☆　●功效：清热解毒

◎原料

水发黄豆55克，燕麦35克，葱段15克

烹饪时间
Time
16分钟

◎烹饪小提示

葱具有清热祛毒、发汗解表等功效。
葱段切得小一些，更容易打碎。

◎做法

❶ 将浸泡8小时的黄豆和燕麦洗净，倒入滤网，沥干水分。

❷ 把葱段、燕麦、黄豆倒入豆浆机中，注水至水位线即可。

❸ 选择"五谷"程序，待豆浆机运转约15分钟，即成豆浆。

❹ 把煮好的豆浆倒入滤网，滤取豆浆，倒入杯中即可。

做 法

1 将去壳的青豆洗净，放入滤网，沥干水分。

2 把青豆放入豆浆机中，加水至水位线即可。

3 选择"五谷"程序，待豆浆机运转约15分钟，即成豆浆。

4 把豆浆倒入滤网，滤去豆渣。

5 倒入小碗中，加白糖，搅拌片刻至其溶化，待稍微放凉后即可饮用。

烹饪时间
Time
16分钟

青豆豆浆

●难易度：★☆☆　●功效：降低血压

◆原料

青豆100克

◆调料

白糖适量

○ 烹饪小提示

青豆能补肝养胃，滋补强壮，有助于长筋骨，悦颜面，有乌发明目、延年益寿等功效。白糖不宜加太多，否则会影响人体对钙质的吸收。

清肺

冰糖白果止咳豆浆

烹饪时间
Time
16分钟

◉难易度：★ ☆ ☆　◉功效：益智健脑

◎ 原 料

白果10克，水发黄豆50克

◎ 调 料

冰糖适量

◎ 烹饪小提示

白果有点味苦，怕苦的人可以多加点冰糖。

◎ 做 法

① 将已浸泡8小时的黄豆洗干净，倒入滤网，沥干水分。

② 将白果、黄豆、冰糖倒入豆浆机中，注水至水位线即可。

③ 选择"五谷"程序，待豆浆机运转约15分钟，即成豆浆。

④ 把豆浆倒入滤网，滤取豆浆，倒入碗中，撇去浮沫即可。

🖋 做 法

❶ 将黑豆、黑米、黑芝麻搓洗干净。

❷ 将洗好的食材倒入滤网，沥干水分。

❸ 倒入豆浆机中，放入杏仁、核桃仁，加冰糖，注水至水位线即可。

❹ 选择"五谷"程序，待豆浆机运转约20分钟，即成豆浆。

❺ 把豆浆倒入滤网，滤取豆浆，倒入杯中，用汤匙捞去浮沫即可。

烹饪时间
Time
21分钟

润肺豆浆

◉难易度：★☆☆　◉功效：保肝护肾

🍃 原 料

水发黑米40克，水发黑豆45克，核桃仁、杏仁各15克，黑芝麻30克

🍯 调 料

冰糖少许

💧 **烹饪小提示**

黑米具有开胃益中、暖脾暖肝、明目活血、滑涩补精之功效，对少年白发、妇女产后虚弱、病后体虚以及贫血、肾虚均有很好的补养作用。黑豆浸泡的时间可长一些，这样更易打成浆。

黄瓜雪梨豆浆

●难易度：★☆☆　●功效：开胃消食

烹饪时间
Time
17分钟

◉ 原料

黄瓜块40克，雪梨块45克，水发黄豆50克

◎ 烹饪小提示

黄瓜尾部含有较多的苦味素，不要将尾部丢弃。此款豆浆最好过滤两遍，口味会更佳。

✐ 做法

❶ 将已浸泡8小时的黄豆洗净，倒入滤网，沥干水分。

❷ 把黄豆、雪梨、黄瓜倒入豆浆机中，注水至水位线即可。

❸ 选择"五谷"程序，待豆浆机运转约15分钟，即成豆浆。

❹ 滤取豆浆，倒入碗中，用汤匙捞去浮沫即可。

做 法

❶ 将黄豆、杏仁洗净，倒入滤网，沥干水分。

❷ 把洗好的食材倒入豆浆机中，注水至水位线。

❸ 选择"五谷"程序，待豆浆机运转约15分钟，即成豆浆。

❹ 将豆浆机断电，取下机头，把豆浆倒入滤网，滤取豆浆。

❺ 倒入碗中，用汤匙捞去浮沫即可。

烹饪时间
Time
17分钟

温补杏仁豆浆

●难易度：★☆☆ ●功效：益气补血

原 料

水发黄豆55克，杏仁20克

烹饪小提示

杏仁含有丰富的黄酮类和多酚类成分，能够降低人体内胆固醇的含量，还能显著降低心脏病和很多慢生疾病的发病危险。杏仁可事先浸泡一会儿，这样更易打碎。

冰糖白果豆浆

⦿难易度：★☆☆　⦿功效：保肝护肾

⦿ **原 料**

水发黄豆70克，白果15克

⦿ **调 料**

冰糖15克

⦿ **做 法**

1.将备好的白果和已浸泡8小时的黄豆倒入碗中。

2.加入适量清水。

3.用手搓洗干净。

4.将洗好的材料倒入滤网，沥干水分。

5.把洗好的黄豆和白果倒入豆浆机中，加入冰糖。

6.注入适量清水，至水位线即可。

7.盖上豆浆机机头，选择"五谷"程序，再选择"开始"键，开始打浆。

8.待豆浆机运转约15分钟，即成豆浆。

9.将豆浆机断电，取下机头，把煮好的豆浆倒入滤网，滤取豆浆。

10.倒入碗中，用汤匙捞去浮沫，待稍微放凉后即可饮用。

⦿ **烹饪小提示**

白果含有蛋白质、维生素C、胡萝卜素、钙、钾、镁等营养成分，具有通畅血管、保护肝脏、改善大脑功能等功效。用牙签挑去白果果心，可以减轻其苦味。

烹饪时间
Time
17分钟

补肺大米豆浆

●难易度：★☆☆　●功效：养心润肺

烹饪时间
Time
15分钟

○ 原 料

水发黄豆40克，水发大米40克

○ 烹饪小提示

将大米炒香后再打成浆，豆浆的香味会更浓郁。

○ 做 法

① 把浸泡好的黄豆、大米洗净，倒入滤网中，沥干水分。

② 将黄豆、大米倒入豆浆机中，注入适量清水，至水位线即可。

③ 选择"五谷"程序，待豆浆机运转约13分钟，即成豆浆。

④ 把煮好的豆浆倒入滤网，滤取豆浆，倒入杯中即可。

⊘ 做 法

❶ 洗净去皮的雪梨切开，去核，再切成小块。

❷ 将雪梨块倒入豆浆机中，加入冰糖，放入洗净的黑豆。

❸ 注水至水位线即可。

❹ 选择"五谷"程序，待豆浆机运转约15分钟，即成豆浆。

❺ 把煮好的豆浆倒入滤网，滤取豆浆，倒入碗中，撇去浮沫即可。

烹饪时间
Time
16分钟

黑豆雪梨润肺豆浆

●难易度：★☆☆ ●功效：养心润肺

◎原 料

黑豆50克，雪梨65克

◎调 料

冰糖10克

🍵 **烹饪小提示**

雪梨能促进食欲、帮助消化，并有利尿通便和解热作用，可用于高热时补充水分和营养。雪梨本身有甜味，可以少加些冰糖。

红枣米润豆浆

●难易度：★☆☆　●功效：增强免疫

烹饪时间
Time
30分钟

原料

水发黄豆100克，水发糯米100克，红枣
20克

烹饪小提示

糯米以米粒饱满、色泽白、没有杂质
和虫蛀现象者为佳。红枣要切开去
核，以免损坏豆浆机。

做法

❶ 将黄豆、糯米洗干
净，倒入滤网中，沥
干水分。

❷ 将黄豆、糯米、红枣
倒入豆浆机中，注水
至水位线。

❸ 选择"五谷"程序，
待豆浆机运转约20分
钟，即成豆浆。

❹ 将豆浆倒入滤网中，
搅拌，滤取豆浆，倒
入碗中即可。

黑豆百合豆浆

●难易度：★☆☆ ●功效：保肝护肾

原 料
鲜百合8克，水发黑豆50克

调 料
冰糖适量

做 法
1.将已浸泡8小时的黑豆倒入碗中，注入适量清水，用手搓洗干净，倒入滤网，沥干水分。
2.将洗好的百合、黑豆倒入豆浆机中，加入冰糖，注入适量清水，至水位线即可；盖上豆浆机机头，选择"五谷"程序，再选择"开始"键，待豆浆机运转约15分钟，即成豆浆。
3.将豆浆机断电，取下机头，把豆浆倒入滤网中，滤取豆浆，倒入杯中即可。

红枣杏仁豆浆

●难易度：★☆☆ ●功效：清热解毒

原 料
杏仁15克，红枣10克，水发黄豆45克

做 法
1.洗净的红枣切开，去核，再切成小块，备用。2.把备好的核桃仁、红枣倒入豆浆机中，倒入洗好的黄豆，注入适量清水，至水位线即可。3.盖上豆浆机机头，选择"五谷"程序，再选择"开始"键，待豆浆机运转约15分钟，即成豆浆。4.将豆浆机断电，取下机头，把煮好的豆浆倒入滤网，滤取豆浆，倒入碗中，用汤匙撇去浮沫即可。

健脾

薏米红绿豆浆

●难易度：★☆☆　●功效：开胃消食

烹饪时间
Time
16分钟

◎ 原料

| 水发绿豆40克，水发红豆40克，薏米10克

◎ 烹饪小提示

绿豆以颗粒细致、鲜绿者为佳，绿豆易发芽，因此泡发的时间不宜过长。

◎ 做法

1 将已浸泡6小时的红豆、浸泡6小时的绿豆以及薏米洗净，倒入滤网，沥干水分。

2 将洗好的食材倒入豆浆机中，注入适量清水，至水位线即可。

3 选择"五谷"程序，待豆浆机运转约15分钟，即成豆浆。

4 把豆浆倒入容器中，倒入杯中即可

◉ 做法

❶ 将黄豆、小米洗干净。

❷ 将洗好的食材倒入滤网，沥干水分。

❸ 把洗净的枸杞倒入豆浆机中，再放入洗好的黄豆和小米，注水。

❹ 选择"五谷"程序，待豆浆机运转约15分钟，即成豆浆。

❺ 把豆浆倒入滤网，滤取豆浆，倒入碗中，用汤匙捞去浮沫即可。

烹饪时间
Time
17分钟

枸杞小米豆浆

●难易度：★☆☆　●功效：保肝护肾

◯ 原料

枸杞20克，水发小米30克，水发黄豆40克

◯ 烹饪小提示

枸杞含有胡萝卜素、维生素、亚油酸、铁、钾、锌、钙等营养成分，具有滋补肝肾、益精明目、增强免疫力等功效。枸杞提前用水泡一会儿，这样更容易打碎。

淮山莲香豆浆

●难易度：★★☆ ●功效：养心润肺

◎ 原 料

> 山药65克，莲子15克，水发黄豆45克，
> 水发红豆40克

◎ 调 料

> 冰糖适量

◎ 烹饪小提示

莲子可浸泡后再煮，这样更容易出汁。
一定要将莲心去除，以免有苦味。

◎ 做 法

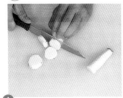

❶ 洗净去皮的山药切成片，备用。

❷ 将黄豆、红豆洗净，倒入滤网，沥干，倒入豆浆机中。

❸ 放入莲子、山药，加冰糖，注水，选择"五谷"程序，运转15分钟即成豆浆。

❹ 把豆浆倒入滤网，滤取豆浆，倒入杯中，撇去浮沫即可。

◉ 做 法

❶ 将高粱米、黄豆洗净。

❷ 把洗好的材料倒入滤网，沥干水分。

❸ 将洗好的高粱米、黄豆、陈皮倒入豆浆机中，注水至水位线。

❹ 选择"五谷"程序，待豆浆机运转约20分钟，即成豆浆。

❺ 把豆浆倒入滤网，滤取豆浆，倒入杯中即可。

烹饪时间
Time
21分钟

助消化高粱豆浆

◉难易度：★☆☆　◉功效：开胃消食

◎ 原 料

高粱米10克，陈皮3克，水发黄豆50克

◎ 烹饪小提示

高粱米作为主要谷物之一，除了能磨成面粉，制作成馒头等食品食用外，更因其果实含有单宁成分，香味独特，常被拿来酿酒、制醋、作为酒糟等。陈皮可先用温水泡软后再打浆，这样更易打碎。

板栗豆浆

●难易度：★★☆ ●功效：保肝护肾

○ 原 料

板栗肉100克，水发黄豆80克

○ 调 料

白糖适量

烹饪时间
Time
16分钟

○ 烹饪小提示

将板栗放在热水中泡1~2小时，能更轻松地去除表皮。

✎ 做 法

❶ 将洗净的板栗肉切成小块，备用。

❷ 把已浸泡8小时的黄豆洗干净，倒入滤网，沥干水分。

❸ 将黄豆倒入豆浆机中，加水，选择"五谷"程序，运转约15分钟，即成豆浆。

❹ 把豆浆倒入滤网，滤去豆渣，倒入碗中，加入适量白糖，搅拌均匀至其溶化即可。

✏️ 做 法

❶ 将洗好的白扁豆、黄豆倒入豆浆机中。

❷ 注入适量清水，至水位线即可。

❸ 选择"五谷"程序，待豆浆机运转约15分钟，即成豆浆。

❹ 把豆浆倒入滤网，滤取豆浆。

❺ 将滤好的豆浆倒入杯中即可。

烹饪时间
Time
16分钟

白扁豆豆浆

●难易度：★☆☆　　●功效：清热解毒

⭕ 原 料

白扁豆25克，水发黄豆50克

◯ 烹饪小提示

白扁豆是甘淡温和的健脾化湿药，能健脾和中、消暑清热，解毒消肿，适用于脾胃虚弱、便溏腹泻、体倦乏力、水肿、白带异常等病症。白扁豆可先泡发后再打浆，这样打好的豆浆口感更佳。

补脾黑豆芝麻豆浆

◉难易度：★☆☆ ◉功效：补钙

烹饪时间
Time
21分钟

◉ 原 料

黑芝麻15克，水发黑豆50克

◉ 烹饪小提示

泡发黑豆时可将其放于阴凉处，以免其变质。

✐ 做 法

❶ 将已浸泡8小时的黑豆洗净，倒入滤网，沥干水分。

❷ 将黑豆、黑芝麻倒入豆浆机中，注水至水位线即可。

❸ 选择"五谷"程序，待豆浆机运转约20分钟，即成豆浆。

❹ 把豆浆倒入滤网中，滤取豆浆，倒入杯中即可。

做法

① 将黄豆、大米洗干净。

② 倒入滤网，沥干水分。

③ 将黄豆、大米、茯苓倒入豆浆机中，注入适量清水，至水位线即可。

④ 选择"五谷"程序，待豆浆机运转约20分钟，即成豆浆。

⑤ 将豆浆机断电，把豆浆倒入滤网，滤取豆浆，倒入碗中即可。

烹饪时间
Time
21分钟

茯苓米香豆浆

●难易度：★☆☆ ●功效：开胃消食

原料

水发黄豆50克，茯苓4克，水发大米少许

烹饪小提示

茯苓含有茯苓多糖、葡萄糖、氨基酸、卵磷脂、胆碱、麦角甾醇等成分，具有养心安神、健脾和胃、渗湿利水等功效。若喜欢浓稠的口感，可适当增加茯苓的份量。

清爽开胃豆浆

●难易度：★☆☆ ●功效：开胃消食

烹饪时间
Time
16分钟

● 原 料

水发黄豆40克，鲜山楂15克

● 烹饪小提示

山楂具有健脾开胃、消食化滞、活血化痰、降血脂等功效。可以加点冰糖调味，口感会更好。

● 做 法

❶ 洗净的山楂切开，去核，切小块。

❷ 将黄豆洗净，倒入滤网，沥干，将山楂、黄豆倒入豆浆机中。

❸ 注水，选择"五谷"程序，待豆浆机运转15分钟，即成豆浆。

❹ 取下机头，把豆浆倒入滤网，滤取豆浆，倒入碗中即可。

🔖 做法

❶ 洗净的红枣去核，再切成小块，备用。

❷ 将黄豆、高粱米洗净，倒入滤网，沥干水分。

❸ 把黄豆、高粱米、红枣倒入豆浆机中，注水。

❹ 选择"五谷"程序，待豆浆机运转约20分钟，即成豆浆。

❺ 取下机头，把豆浆倒入滤网，滤取豆浆，倒入杯中即可。

烹饪时间
Time
21分钟

高粱红枣补脾胃豆浆

● 难易度：★☆☆　● 功效：开胃消食

🫘 原料

黄豆60克，高粱米、红枣各20克

🥄 烹饪小提示

红枣含有蛋白质、胡萝卜素、B族维生素、维生素C、维生素P、钙、铁等营养成分，具有补虚益气、养血安神、健脾和胃等功效。高粱米可先泡发再打浆，这样更易打成浆。

养肾

牛奶黑芝麻豆浆

◎难易度：★☆☆　◎功效：保肝护肾

烹饪时间
Time
16分钟

◎ 原料

牛奶30毫升，黑芝麻20克，水发黄豆50克

◎ 做法

◎ 烹饪小提示

牛奶也可在最后加入，这样奶香味会更浓。

❶ 将已浸泡8小时的黄豆洗净，倒入滤网，沥干水分。

❷ 把黄豆、牛奶、黑芝麻倒入豆浆机中，注水至水位线即可。

❸ 选择"五谷"程序，待豆浆机运转约15分钟，即成豆浆。

❹ 把豆浆倒入滤网，滤取豆浆，倒入碗中，撇去浮沫即可。

🥄做 法

❶ 将已浸泡8小时的黑豆、黑米洗干净。

❷ 把洗好的材料倒入滤网，沥干水分。

❸ 将花生米、黑芝麻、黑豆、黑米倒入豆浆机中，注水至水位线。

❹ 选择"五谷"程序，待豆浆机运转约20分钟，即成豆浆。

❺ 把豆浆倒入滤网，滤取豆浆，倒入杯中即可。

烹饪时间
Time
21分钟

三黑豆浆

⦿难易度：★☆☆　◉功效：增强记忆力

🥣原 料

黑芝麻20克，黑米15克，花生米15克，水发黑豆40克

🍵 烹饪小提示

花生米含有蛋白质、亚油酸、维生素B_6、维生素E、锌、钙等营养成分，具有益智健脑、促进骨骼发育、增强记忆力等功效。黑米吸水性较强，因此可以适量多加点水。

木耳黑米豆浆

◉难易度：★☆☆ ◉功效：益气补血

烹饪时间
Time
21分钟

◉ 原 料

水发木耳8克，水发黄豆50克，水发黑米30克

◎ 烹饪小提示

黑米不易消化，若胃不好的人食用此豆浆，可以适量减少其用量。

✐ 做 法

❶ 将已浸泡8小时的黄豆、已浸泡4小时的黑米洗净，倒入滤网，沥干水分。

❷ 将洗好的木耳、黄豆、黑米倒入豆浆机中，注入适量清水，至水位线即可。

❸ 选择"五谷"程序，待豆浆机运转约20分钟，即成豆浆。

❹ 取下机头，把豆浆倒入滤网，滤取豆浆，倒入杯中即可。

✎ 做 法

❶ 洗净的红枣去籽，再切
成小块，备用。

❷ 将黑豆洗干净，倒入滤
网，沥干水分。

❸ 把黑豆倒入豆浆机中，
放入红枣，注入适量清
水，至水位线即可。

❹ 选择"五谷"程序，待
豆浆机运转约15分钟，
即成豆浆。

❺ 取下机头，把豆浆倒入
滤网，滤取豆浆，倒入
碗中即可。

烹饪时间
Time
16分钟

红枣黑豆豆浆

●难易度：★☆☆　　●功效：安神助眠

◎ 原 料

红枣15克，水发黑豆45克

🍵 烹饪小提示

红枣含有蛋白质、有机酸、维生素A、维生素C、钙等营养
成分，具有益气补血、健脾和胃、安神镇静等功效。黑豆
泡发的时间可长一些，这样更易打成浆。

黑芝麻黑枣豆浆

●难易度：★☆☆　●功效：保护视力

烹饪时间
Time
21分钟

◎ 原料

黑枣8克，黑芝麻10克，水发黑豆50克

◎ 烹饪小提示

黑芝麻可以先干炒一下再打浆，味道会更香。

◎ 做法

❶ 将洗净的黑枣切开，去核，切成小块。

❷ 将黑豆洗净，倒入滤网，沥干，将黑枣、黑芝麻、黑豆倒入豆浆机中。

❸ 注水至水位线，选择"五谷"程序，待豆浆机运转约20分钟，即成豆浆。

❹ 取下机头，把豆浆倒入滤网，滤取豆浆，倒入碗中即可。

✎ 做 法

❶ 将花生米、黑豆洗净。

❷ 倒入滤网，沥干水分。

❸ 把洗好的黑豆、花生米、黑芝麻倒入豆浆机中，注水至水位线。

❹ 选择"五谷"程序，待豆浆机运转约15分钟，即成豆浆。

❺ 把豆浆倒入滤网，滤取豆浆，倒入杯中，加入白糖，搅拌均匀，用汤匙捞去浮沫即可。

烹饪时间
Time
17分钟

补肾黑芝麻豆浆

●难易度：★☆☆　●功效：保肝护肾

🔘 原 料

水发黑豆65克，花生米40克，黑芝麻15克

🔘 调 料

白糖10克

💡 烹饪小提示

黑芝麻含有蛋白质、糖类、维生素A、维生素E、卵磷脂、钙、铁、铬等营养成分，具有补肝肾、润五脏、益气力、长肌肉、填脑髓等功效。生的黑芝麻味道略苦，可以炒熟或者多加些白糖。

南瓜红米豆浆

●难易度：★☆☆　●功效：益气补血

烹饪时间
Time
16分钟

● 原 料

水发黄豆40克，水发红米20克，南瓜50克

● 烹饪小提示

由于南瓜黏性较大，因此可以适量多加些水。

● 做 法

❶ 洗净去皮的南瓜切开，再切成小块，装入盘中，待用。

❷ 将红米、黄豆洗净，倒入滤网，沥干。

❸ 把南瓜、红米、黄豆倒入豆浆机中，注水，选择"五谷"程序，打成豆浆。

❹ 把豆浆倒入滤网，滤取豆浆，倒入碗中，捞去浮沫即可。

⊘ 做 法

❶ 将黑豆、大米洗干净。

❷ 把洗好的黑豆、大米倒入滤网，沥干。

❸ 将雪梨、黑豆、大米倒入豆浆机中，注水至水位线。

❹ 选择"五谷"程序，待豆浆机运转约20分钟，即成豆浆。

❺ 把豆浆倒入滤网中，搅拌，滤取豆浆，倒入杯中即可。

烹饪时间
Time
30分钟

黑豆雪梨大米豆浆

⦿难易度：★☆☆ ⦿功效：养心润肺

◉ 原 料

水发黑豆100克，雪梨块120克，水发大米100克

◎ 烹饪小提示

雪梨含有蛋白质、胡萝卜素、葡萄糖、苹果酸、维生素、钙、磷、铁等营养成分，具有养心润肺、生津止渴、祛脂降压、养颜护肤等功效。雪梨块切得小一点，可减少煮的时间。

胡萝卜黑豆豆浆

●难易度：★☆☆　●功效：降低血压

烹饪时间
Time
17分钟

● 原 料

水发黑豆60克，胡萝卜块50克

● 烹饪小提示

将胡萝卜切得小一些，可以降低豆浆机的磨损。

● 做 法

❶ 将黑豆洗净，倒入滤网，沥干水分。

❷ 把黑豆、胡萝卜块倒入豆浆机中，注水至水位线。

❸ 选择"五谷"程序，待豆浆机运转约15分钟，即成豆浆。

❹ 把豆浆倒入滤网，滤取豆浆，倒入杯中，捞去浮沫即可。

Part 5

保健豆浆，喝出健康

　　"一杯鲜豆浆，全家保健康"。豆浆是中国人民喜爱的一种饮品，又是一种老少皆宜的营养食品，在欧美享有"植物奶"的美誉。豆浆含有丰富的植物蛋白、磷脂、维生素B_1、维生素B_2和烟酸。此外，豆浆还含有铁、钙等矿物质，有补气血、排毒养颜、增强免疫力和记忆力的功效，尤其适合于老人、女性和青少年饮用。

补气

党参红枣豆浆

烹饪时间
Time
21分钟

●难易度：★ ☆ ☆　●功效：益气补血

◎原 料

水发黄豆55克，红枣15克，党参10克

◎做 法

◎烹饪小提示

党参可用温水浸泡后再打浆，这样更易析出其有效成分。

1 洗好的红枣切开，去核，把果肉切块。

2 将黄豆倒入碗中，加水，搓洗干净，倒入滤网，沥干水分。

3 把黄豆、红枣、党参倒入豆浆机中，注水，打成豆浆。

4 把豆浆倒入滤网，滤取豆浆，倒入碗中，撇去浮沫即可。

做 法

1 将已浸泡8小时的黄豆洗干净，沥干水分。

2 把黄豆倒入豆浆机中，倒入荷叶，再注入适量清水。

3 盖上豆浆机机头，选择"五谷"程序，运转约15分钟，即成豆浆。

4 把煮好的豆浆倒入滤网，滤取豆浆。

5 将豆浆倒入碗中，用汤匙捞去浮沫即可饮用。

烹饪时间
Time
21分钟

荷叶豆浆

●难易度：★★☆　●功效：增强记忆力

原 料

荷叶7克，水发黄豆55克

烹饪小提示

黄豆含有蛋白质、不饱和脂肪酸、卵磷脂及多种维生素、矿物质，具有促进脑细胞发育、增强记忆力等功效。荷叶可以用温水浸泡一会儿，这样打出的豆浆味道更清香、口感更佳。

黑米南瓜豆浆

◉难易度：★☆☆　◉功效：保肝护肾

烹饪时间
Time
20分钟

◎ **原 料**

水发黑豆80克，水发黑米80克，南瓜块
80克

◎ **调 料**

白糖适量

◎ **烹饪小提示**

南瓜皮的营养非常丰富，因此，也可
以不用去皮。

◢ **做 法**

❶ 将黑豆、黑米倒入碗
中，注水，搓洗干
净，沥干水分。

❷ 取豆浆机，倒入黑
豆、黑米、南瓜块，
注水。

❸ 选择"五谷"程序，
再选择"开始"键，
打成豆浆。

❹ 把豆浆倒入滤网中，
滤取豆浆倒入碗中，
加白糖拌匀即可。

做 法

① 将已浸泡8小时的黄豆倒入碗中，加水洗净。

② 将洗好的黄豆倒入滤网，沥干水分。

③ 把黄豆、桂圆肉、山药丁、水倒入豆浆机中，加入冰糖。

④ 盖上豆浆机机头，再选择"五谷"程序，打成豆浆。

⑤ 将豆浆机断电，把豆浆倒入滤网，滤取豆浆，倒入杯中即可。

烹饪时间
Time
16分钟

桂圆山药豆浆

●难易度：★☆☆　●功效：增强免疫

原料

桂圆肉20克，山药丁10克，水发黄豆60克

调料

冰糖50克

烹饪小提示

山药含有淀粉酶、多酚氧化酶等物质，有利于脾胃消化吸收功能，还有益肺气、养肺阴、强身健机、滋肾益精等功效。为了使食材的营养更充分地释放出来，在操作时，可以让豆浆机多运转一次。

红豆紫米补气豆浆

◎难易度：★☆☆　◎功效：增强免疫

烹饪时间
Time
21分钟

◎ **原 料**

　　紫米15克，水发红豆30克，水发黄豆40克

◎ **调 料**

　　冰糖适量

◎ **烹饪小提示**

紫米的吸水性比较强，因此可适量多加点水。

◎ **做 法**

① 将紫米、泡发的红豆、黄豆洗净，倒入滤网，沥干水分。

② 将洗净的食材倒入豆浆机中，放冰糖、水，至水位线即可。

③ 选择"五谷"程序，再选择"开始"键，打成豆浆。

④ 将豆浆机断电，滤取豆浆，倒入碗中，用汤匙撇去浮沫即可。

🥄 做 法

① 将黑豆搓洗干净，倒入滤网，沥干水分。

② 把姜汁倒入豆浆机中，倒入洗净的黑豆，注水至水位线。

③ 盖上豆浆机机头，选择"五谷"程序，约15分钟，打成豆浆。

④ 把煮好的豆浆倒入滤网，滤取豆浆。

⑤ 倒入碗中，用汤匙撇去浮沫即可。

烹饪时间
Time
16分钟

姜汁黑豆豆浆

◉难易度：★☆☆　◉功效：益气补血

🥦 原 料

姜汁30毫升，水发黑豆45克

◎ 烹饪小提示

黑豆含有蛋白质、胡萝卜素、维生素B$_1$、钙、磷、铁、钾等营养成分，具有补血安神、明目健脾、乌发黑发等功效。有些人受不了生姜的辛辣味，这时在豆浆中加入少许白糖，可以减轻姜汁的辣味。

养血

红枣糯米黑豆浆

◉难易度：★★☆　◉功效：开胃消食

烹饪时间
Time
21分钟

🥦 原 料

糯米20克，红枣5克，水发黑豆50克

🍳 做 法

🥄 烹饪小提示

糯米的吸水性比较强，因此可适量多加些水。

❶ 将洗净的红枣切开，去核，再切成小块，待用。

❷ 将黑豆、糯米洗干净，倒入滤网，沥干水分。

❸ 将红枣、黑豆、糯米倒入豆浆机中，注水，打成豆浆。

❹ 把豆浆倒入滤网，滤取豆浆，倒入杯中即可饮用。

桂圆花生红豆浆

◎难易度：★☆☆ ◎功效：养心润肺

原 料

花生米25克，桂圆肉15克，水发红豆40克

做 法

1.把洗好的桂圆肉、花生米倒入豆浆机中，倒入洗净的红豆，注入适量清水，至水位线即可。2.盖上豆浆机机头，选择"五谷"程序，再选择"开始"键，待豆浆机运转约15分钟，即成豆浆。3.将豆浆机断电，取下机头，把煮好的豆浆倒入滤网，滤取豆浆，倒入碗中即可。

桂圆红枣豆浆

◎难易度：★☆☆ ◎功效：益气补血

原 料

水发黄豆65克，桂圆30克，红枣8克

调 料

白糖10克

做 法

1.将黄豆倒入碗中，加入适量清水，用手搓洗干净，倒入滤网，沥干水分。2.把洗好的黄豆、红枣、桂圆倒入豆浆机中，注入适量清水，至水位线即可；盖上豆浆机机头，选择"五谷"程序，再选择"开始"键，待豆浆机运转约15分钟，即成豆浆。3.将豆浆机断电，取下机头，把豆浆倒入滤网，滤取豆浆，倒入杯中，加入白糖，搅拌均匀，用汤匙捞去浮沫即可。

红枣花生豆浆

●难易度：★☆☆　●功效：清热解毒

烹饪时间
Time
17分钟

🥄 原 料
　水发红豆45克，花生米50克，红枣10克

🥄 调 料
　白糖10克

🥄 烹饪小提示
将红枣去核、切条后再切开，更容易
析出其营养成分。

✎ 做 法

❶ 将红豆、花生米洗干
净，倒入滤网，沥干
水分。

❷ 把洗好的红豆、花生
倒入豆浆机中，注水
至水位线。

❸ 盖上豆浆机机头，选
择"五谷"程序，打
成豆浆。

❹ 把豆浆倒入滤网，滤
取豆浆，倒入杯中，
加入白糖拌匀即可。

🔪 做 法

❶ 将黑豆、黄豆洗干净。

❷ 把洗好的食材沥干水分。

❸ 把洗净的食材倒入豆浆机中，放入玫瑰花，注入水至水位线。

❹ 盖上豆浆机机头，选择"五谷"程序，运转约15分钟，即成豆浆。

❺ 将豆浆机断电，取下机头，把豆浆倒入滤网，滤取豆浆，倒入碗中，用汤匙撇去浮沫即可。

烹饪时间
Time
16分钟

玫瑰花黑豆活血豆浆

●难易度：★☆☆　　●功效：增强免疫

📋 原 料

玫瑰花5克，水发黄豆40克，水发黑豆40克

◎ 烹饪小提示

黑豆含有蛋白质、不饱和脂肪酸、钙、磷、铁、钾等营养成分，具有降血脂、活血利水、美容养颜等功效。黑豆、黄豆可以提前用温水泡发一段时间，这样更有利于打豆浆，打出来的豆浆也更加香醇。

黑豆红枣枸杞豆浆

◉难易度：★★☆ ◉功效：安神助眠

🥄 原 料

黑豆50克，红枣15克，枸杞20克

🥄 做 法

1.洗净的红枣切开，去核，切成小块。

2.把已浸泡6小时的黑豆倒入碗中，放入清水。

3.用手搓洗干净。

4.把洗好的黑豆倒入滤网，沥干水分。

5.将黑豆、枸杞、红枣倒入豆浆机中。

6.注入适量清水，至水位线即可。

7.盖上豆浆机机头，选择"五谷"程序，再选择"开始"键，开始打浆。

8.待豆浆机运转约15分钟，即成豆浆。

9.将豆浆机断电，取下机头。

10.把煮好的豆浆倒入滤网，滤取豆浆，倒入杯中即可。

烹饪时间
Time
15分钟

① ②

③ ④

⑤ ⑥

⑦ ⑧

⑨ ⑩

🥄 烹饪小提示

黑豆含有蛋白质、维生素、矿物质等营养成分，具有补肾益脾、祛痰治喘、排毒养颜、补血安神等功效。打好的豆浆过滤可以让豆浆口感更香滑，但如果粗粮口感的人，也可以不过滤，还可以增加饱腹感。

排毒

绿豆燕麦豆浆

◉难易度：★☆☆　◉功效：开胃消食

◉ **原 料**

| 水发绿豆55克，燕麦45克

◉ **调 料**

| 冰糖适量

◉ **做 法**

◉ 烹饪小提示

可以用温水泡发绿豆，这样能减少泡发的时间。

1 将绿豆、燕麦搓洗干净，倒入滤网，沥干水分。

2 把洗好的黄豆和燕麦倒入豆浆机中，放入冰糖、水。

3 盖上豆浆机机头，选择"五谷"程序，打成豆浆。

4 把豆浆倒入滤网，滤取豆浆，倒入杯中，捞去浮沫即可。

🥄 做 法

❶ 绿豆、黄豆搓洗干净。

❷ 把洗好的食材倒入滤网，沥干水分。

❸ 将洗好的食材倒入豆浆机内，放入薄荷叶、冰糖、清水。

❹ 盖上豆浆机机头，选择"五谷"程序，运转15分钟，即成豆浆。

❺ 把豆浆倒入滤网，用汤匙搅拌，滤取豆浆，倒入碗中即可。

烹饪时间
Time
17分钟

薄荷绿豆豆浆

●难易度：★☆☆ ●功效：开胃消食

🍲 原 料

水发黄豆50克，水发绿豆50克，新鲜薄荷叶适量

🥣 调 料

冰糖适量

🍵 烹饪小提示

绿豆含有蛋白质、碳水化合物、胡萝卜素、维生素B$_1$、维生素B$_2$、钾、钙、磷等营养成分，具有增进食欲、清热解毒、利水消肿等功效。若喜欢薄荷味，可以在豆浆煮好后再放点干薄荷叶碎，清清凉凉的，有不同的滋味。

百合莲子银耳豆浆

●难易度：★★☆ ●功效：增强免疫力

烹饪时间
Time
17分钟

🅞 原料

水发绿豆50克，水发银耳30克，水发莲子20克，百合6克

🅐 调料

白糖适量

🅒 烹饪小提示

泡发好的银耳可用自来水冲洗，这样更易清洗干净。

✒ 做法

❶ 将绿豆搓洗干净，倒入滤网，沥干水分。

❷ 将洗好的银耳掐去根部，撕成小块。

❸ 把莲子、绿豆、银耳、百合倒入豆浆机中，加水，打成豆浆。

❹ 把豆浆倒入滤网，滤取豆浆，倒入碗中，放入白糖拌匀即可。

🍴 做 法

❶ 洗净的胡萝卜切成滚刀块，备用。

❷ 将黄豆洗干净，倒入滤网，沥干水分。

❸ 将备好的胡萝卜、黄豆倒入豆浆机中，注水。

❹ 盖上豆浆机机头，选择"五谷"程序，运转约15分钟，即成豆浆。

❺ 把豆浆倒入滤网，滤取豆浆，倒入杯中即可。

烹饪时间
Time
16分钟

胡萝卜豆浆

◉难易度：★★☆　◉功效：美容养颜

🌶 原 料

胡萝卜20克，水发黄豆50克

🍜 烹饪小提示

胡萝卜含有糖类、挥发油、胡萝卜素、维生素、花青素、钙、铁等营养成分，具有清肝明目、增强免疫力、抗疲劳、美白养颜等功效。胡萝卜先放入沸水锅中焯一下水再打浆，能减轻胡萝卜的味道，使豆浆更美味。

菊花绿豆浆

●难易度：★☆☆ ●功效：清热解毒

烹饪时间
Time
16分钟

○ 原 料

水发绿豆60克，干白菊10克

○ 烹饪小提示

白菊可以先用温开水浸泡一会儿，这样更易清除杂质。

◈ 做 法

❶ 将绿豆倒入碗中，注水，搓洗干净，倒入滤网，沥干水分。

❷ 将备好的干白菊、绿豆倒入豆浆机中，注水至水位线。

❸ 盖上豆浆机机头，选择"五谷"程序，打成豆浆。

❹ 把豆浆倒入滤网，滤取豆浆，倒入杯中即可饮用。

🥄 做 法

1 洗净去皮的苹果去核，再切成小块，备用。

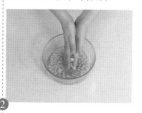

2 将黄豆洗干净，倒入滤网，沥干水分。

3 把苹果、黄豆倒入豆浆机中，注水。

4 盖上豆浆机机头，选择"五谷"程序，运转约20分钟，即成豆浆。

5 把豆浆倒入滤网，滤取豆浆，倒入碗中，用汤匙撇去浮沫即可。

烹饪时间
Time 21分钟

燕麦苹果豆浆

◉难易度：★★☆　◉功效：开胃消食

🍳 原 料

水发燕麦25克，苹果35克，水发黄豆50克

◎ 烹饪小提示

苹果含有维生素C、苹果酸、铜、碘、锰、锌、钾等营养成分，具有生津止渴、清热除烦、健胃消食等功效。苹果皮有很好的营养价值，因此，在制作此豆浆时，可以不用去除苹果皮，但要彻底清洗干净。

美容抗衰老

玫瑰花豆浆

⊙难易度：★☆☆　⊙功效：益气补血

烹饪时间
Time
16分钟

🥄 原 料

水发黄豆60克，玫瑰花3克

🥄 烹饪小提示

玫瑰花可先泡发后再清洗，这样更易清除杂质。

🥄 做 法

❶ 将已浸泡8小时的黄豆洗净，倒入滤网，沥干水分。

❷ 将备好的玫瑰花、黄豆倒入豆浆机，注水至水位线。

❸ 盖上豆浆机机头，选择"五谷"程序，打成豆浆。

❹ 把豆浆倒入滤网，滤取豆浆，倒入杯中即可饮用。

做法

❶ 洗净的银耳切小块。

❷ 把银耳倒入豆浆机中，放入洗净的黄豆、枸杞。

❸ 注入适量清水，至水位线即可。

❹ 盖上豆浆机机头，选择"五谷"程序，再选择"开始"键，运转约15分钟，即成豆浆。

❺ 把煮好的豆浆倒入滤网，滤取豆浆，倒入碗中即可。

烹饪时间
Time
17分钟

银耳枸杞豆浆

●难易度：★☆☆　●功效：美容养颜

原料

水发银耳45克，枸杞10克，水发黄豆50克

烹饪小提示

银耳含有蛋白质、维生素D、海藻糖、钙、磷、铁、钾等营养成分，具有补脑提神、美容嫩肤、延缓衰老等功效。打豆浆前可以加入少许冰糖，可使口感更佳，也能增强滋阴润肺的效果。

腰果小米豆浆

◎难易度：★☆☆ ◎功效：增强免疫

烹饪时间
Time
21分钟

◎ 原 料

| 水发黄豆60克，小米35克，腰果20克

◎ 烹饪小提示

小米吸水性强，可以多加些水，以免打出来的豆浆变成糊状。

◎ 做 法

❶ 将已浸泡8小时的黄豆倒入碗中，放入小米，加水，洗净。

❷ 把洗好的材料倒入豆浆机中，放入腰果、水，至水位线即可。

❸ 盖上豆浆机机头，选择"五谷"程序，打成豆浆。

❹ 把豆浆倒入滤网，滤取豆浆，倒入碗中，撇去浮沫即可。

✍ 做 法

❶ 将已浸泡8小时的黄豆搓洗干净。

❷ 把洗好的黄豆倒入滤网，沥干水分。

❸ 将黄豆、牛奶倒入豆浆机中，注水。

❹ 盖上豆浆机机头，选择"五谷"程序，运转约15分钟，即成豆浆。

❺ 把豆浆倒入滤网，滤取豆浆，倒入碗中即可。

烹饪时间
Time
16分钟

牛奶豆浆

●难易度：★☆☆　●功效：增强免疫

🍶 原 料

水发黄豆50克，牛奶20毫升

◉ 烹饪小提示

牛奶含有蛋白质、乳糖、钙、磷、铁、锌、铜、钼等营养成分，具有生津润肠、增强免疫力、促进骨骼发育等功效。牛奶也可以在豆浆打好后再加入，用筷子搅拌均匀，奶香味会更浓，可按个人口味选择加入次序。

胡萝卜黑豆抗衰豆浆

◉难易度：★★☆　◉功效：美容养颜

烹饪时间
Time
16分钟

◉ 原料

黑豆80克，胡萝卜40克

◉ 烹饪小提示

浸泡黑豆的时间可以长一些，这样更易打成浆。

◆ 做法

❶ 洗好去皮的胡萝卜切厚块，再切条，改切成小块，备用。

❷ 将胡萝卜倒入豆浆机中，放入洗净的黑豆，注水至水位线。

❸ 盖上豆浆机机头，选择"五谷"程序，打成豆浆。

❹ 把煮好的豆浆倒入滤网，滤取豆浆倒入碗中，撇去浮沫即可。

做法

❶ 将黄豆、小米、高粱搓洗干净。

❷ 将洗好的材料沥干水分。

❸ 把洗好的材料倒入豆浆机中，加入冰糖，注入适量清水。

❹ 盖上豆浆机机头，选择"五谷"程序，运转约20分钟，即成豆浆。

❺ 将豆浆机断电，取下机头，把豆浆倒入滤网，滤取豆浆，倒入杯中，撇去浮沫即可。

烹饪时间
Time
21分钟

高粱小米抗失眠豆浆

◉难易度：★☆☆ ◉功效：安神助眠

原料

高粱米25克，小米30克，水发黄豆45克

调料

冰糖适量

烹饪小提示

小米含有蛋白质、B族维生素、纤维素、钙、钾等营养成分，具有健脾和胃、补益虚损、和中益肾、安神助眠等功效。过滤豆渣时不宜倒太快太急，以免豆浆溢出；喜欢粗粮口感的人可选择不过滤豆渣。

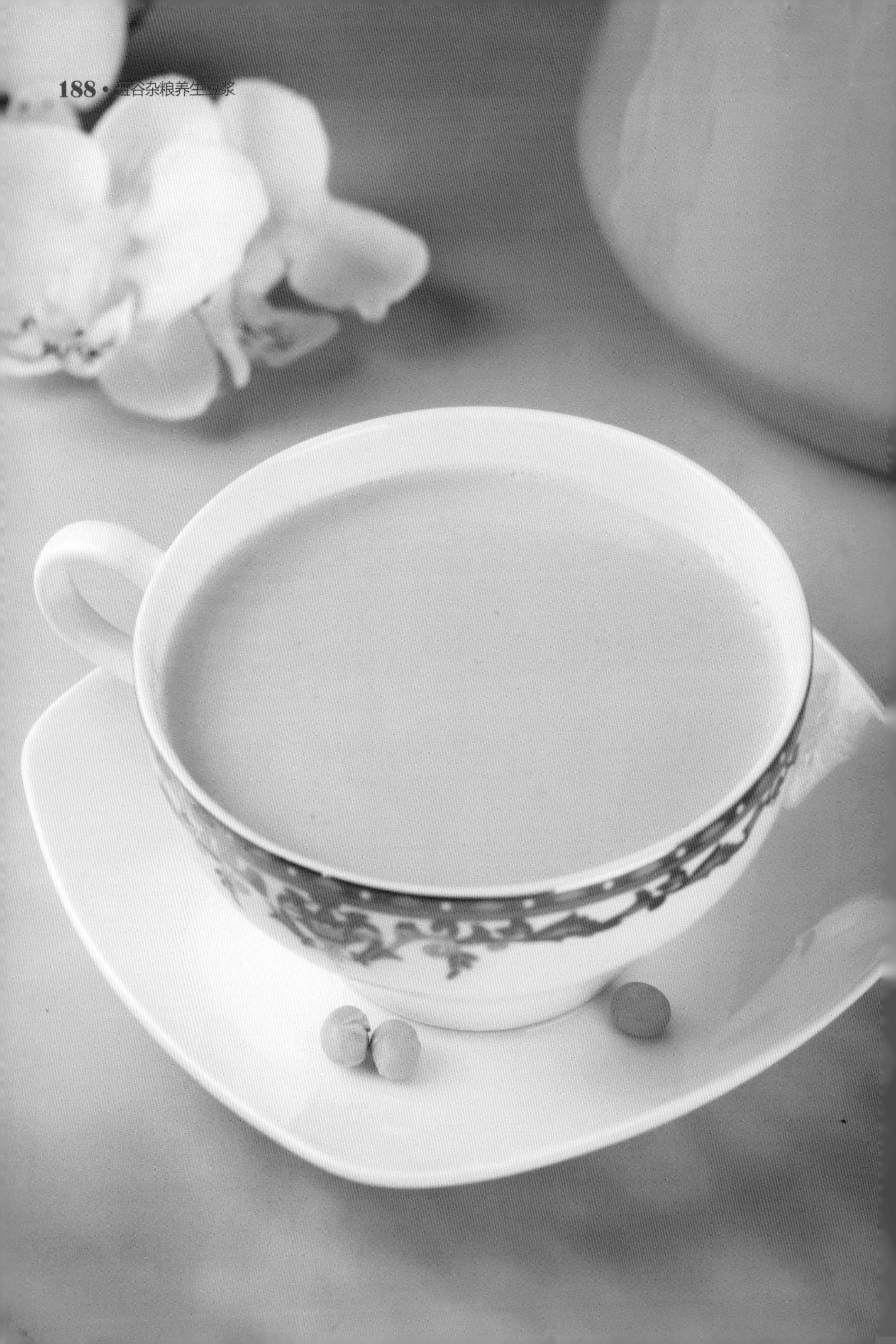

改善记忆力

果仁豆浆

⊙难易度：★☆☆　⊙功效：保肝护肾

⊙原 料

水发黄豆100克，腰果、榛子各30克

⊙调 料

冰糖10克

⊙做 法

1.将洗净的榛子、腰果和已浸泡8小时的黄豆倒入碗中。

2.加入适量清水。

3.用手搓洗干净。

4.将洗好的材料倒入滤网，沥干水分。

5.把洗好的材料和冰糖倒入豆浆机中。

6.注入适量清水，至水位线即可。

7.盖上豆浆机机头，选择"五谷"程序，再选择"开始"键，开始打浆。

8.待豆浆机运转约15分钟，即成豆浆。

9.将豆浆机断电，取下机头，把煮好的豆浆倒入滤网，滤取豆浆。

10.倒入碗中，用汤匙捞去浮沫，待稍微放凉后即可饮用。

⊙烹饪小提示

腰果含有脂肪、蛋白质、碳水化合物、维生素A、维生素B₁、锰、铬、镁、硒等营养成分，具有补脑养血、补肾健脾、理气止渴等功效。榛子质地较硬，可以先煮软，再打浆，这样打出来的豆浆更香滑。

烹饪时间
Time
17分钟

杏仁榛子豆浆

◉难易度：★☆☆　◉功效：开胃消食

烹饪时间
Time
16分钟

◉ 原料

榛子8克，杏仁8克，水发黄豆50克

◉ 烹饪小提示

榛子可以先干炒一会儿再打浆，这样味道会更好。

🥄 做法

❶ 将已浸泡8小时的黄豆搓洗干净，倒入滤网，沥干水分。

❷ 将备好的杏仁、榛子、黄豆倒入豆浆机中，注水至水位线。

❸ 盖上豆浆机机头，选择"五谷"程序，打成豆浆。

❹ 把豆浆倒入滤网，滤取豆浆，倒入碗中即可饮用。

做 法

❶ 取榨汁机，选择搅拌刀座组合，倒入洗净的黑豆，注水，榨汁。

❷ 倒出汁水，用隔渣袋滤去豆渣，装入碗中。

❸ 取榨汁机，选择搅拌刀座组合，倒入豆汁、核桃仁，榨成生豆浆。

❹ 砂锅中倒入生豆浆，大火煮至汁水沸腾。

❺ 加入少许白糖，续煮至白糖溶化，再掠去浮沫即成。

烹饪时间
Time
4分钟

核桃仁黑豆浆

●难易度：★☆☆　●功效：降低血压

🥣 原 料

水发黑豆100克，核桃仁40克

🍶 调 料

白糖5克

🌀 烹饪小提示

核桃仁含有维生素B_1、维生素B_2、维生素B_6、铜、镁、钾、磷、铁、叶酸等营养成分，有促进血液循环、稳定血压的作用。隔渣袋最好选用细密的纱布袋，这样不仅方便，而且煮好的豆浆口感更佳。

核桃花生豆浆

◉难易度：★☆☆　◉功效：益气补血

烹饪时间
Time
22分钟

🥬 原料

核桃仁25克，花生米35克，大米40克，水发黄豆50克

🥄 做法

1. 将黄豆倒入碗中，放入大米，加入适量清水，用手搓洗干净，倒入滤网，沥干水分。
2. 把洗好的食材倒入豆浆机中，放入花生米、核桃仁，注入适量清水，至水位线即可；盖上豆浆机机头，选择"五谷"程序，再选择"开始"键，待豆浆机运转约20分钟，即成豆浆。
4. 将豆浆机断电，取下机头，把豆浆倒入滤网，滤取豆浆，倒入杯中，用汤匙撇去浮沫即可。

烹饪时间
Time
16分钟

牛奶开心果豆浆

◉难易度：★☆☆　◉功效：增强免疫

🥬 原料

牛奶30毫升，开心果仁5克，水发黄豆50克

🥄 做法

1. 将已浸泡8小时的黄豆倒入碗中，注入适量清水，用手搓洗干净，倒入滤网，沥干水分。
2. 将备好的黄豆、开心果仁、牛奶倒入豆浆机中，注入适量清水，至水位线即可；盖上豆浆机机头，选择"五谷"程序，再选择"开始"键，待豆浆机运转约15分钟，即成豆浆。
3. 将豆浆机断电，取下机头，把豆浆倒入滤网，滤取豆浆，倒入杯中即可。

烹饪时间
Time
21分钟

核桃芝麻大米豆浆

◉难易度：★ ☆ ☆　◉功效：益气补血

✍ 做 法

❶ 把洗好的核桃仁、大米
倒入豆浆机中，放入洗
净的黑芝麻。

❷ 注水，至水位线即可。

❸ 盖上豆浆机机头，选择
"五谷"程序，运转约
20分钟，即成豆浆。

❹ 将豆浆机断电，取下机
头，把煮好的豆浆倒入
滤网，滤取豆浆。

❺ 倒入碗中，用汤匙撇去
浮沫即可。

🍲 原 料

核桃仁20克，黑芝麻、大
米各25克

⬡ 烹饪小提示

大米含有碳水化合物、蛋白质、B族维生素、镁、磷、钾等
营养成分，具有健脾补肾、补中益气、益精强志等功效。
大米可先泡发后再打浆，这样能节省打浆的时间，打出来
的豆浆口感也更香醇。

增强免疫力

姜汁豆浆

●难易度：★☆☆ ●功效：清热解毒

烹饪时间
Time
16分钟

◉ 原 料
生姜片25克，水发黄豆60克

◉ 调 料
白糖少许

◉ 做 法

◉ 烹饪小提示
如果不喜欢姜的味道，可以多加些白糖调味。

❶ 将已浸泡8小时的黄豆搓洗干净，倒入滤网，沥干水分。

❷ 把洗好的黄豆倒入豆浆机中，倒入姜片、白糖、水。

❸ 盖上豆浆机机头，选择"五谷"程序，打成豆浆。

❹ 把煮好的豆浆倒入滤网，滤取豆浆倒入碗中，捞去浮沫即可。

🔪 做 法

❶ 洗净去皮的紫薯切滚刀块，备用。

❷ 放入备好的紫薯、水发大米和水发黄豆。

❸ 注入适量清水，至水位线即可。

❹ 盖上豆浆机机头，选择"五谷"程序，再选择"开始"键，运转约20分钟，即成豆浆。

❺ 把煮好的豆浆倒入滤网，滤取豆浆，倒入碗中，撇去浮沫即可。

烹饪时间 Time 21分钟

紫薯米豆浆

●难易度：★★☆ ●功效：益气补血

🍠 原 料

水发大米35克，紫薯40克，水发黄豆45克

🍲 烹饪小提示

紫薯含有蛋白质、淀粉、果胶、纤维素、维生素E、花青素等营养成分，具有缓解疲劳、促进胃肠蠕动、益气补血、防癌抗癌等功效。过滤豆浆时可用汤匙轻轻搅拌，这样更易过滤，不宜倒太快，以免豆浆溢出。

大麦红枣抗过敏豆浆

◉难易度：★★☆ ◉功效：开胃消食

烹饪时间
Time
22分钟

🥄 原料

| 水发黄豆60克，大麦40克，红枣12克

🍲 烹饪小提示

打浆时，可以适量多加些清水，以免豆浆过于浓稠。

⚔ 做法

❶ 洗净的红枣切开，去核，切块，备用。

❷ 将洗净的黄豆倒入豆浆机中，倒入洗好的大麦、红枣，注水。

❸ 盖上豆浆机机头，选择"五谷"程序，打成豆浆。

❹ 把煮好的豆浆倒入滤网滤取豆浆，倒入碗中，撇去浮沫即可。

✒ 做 法

❶ 在碗中倒入黄豆、薏米、绿豆、红豆、黑豆，加水搓洗干净。

❷ 将洗好的材料倒入滤网，沥干水分。

❸ 把洗好的材料倒入豆浆机中，注水至水位线。

❹ 盖上豆浆机机头，选择"五谷"程序，运转约15分钟，即成豆浆。

❺ 把豆浆倒入滤网，滤取豆浆，倒入碗中，捞去浮沫即可。

烹饪时间
Time
18分钟

五色滋补豆浆

●难易度：★☆☆ ●功效：清热解毒

🥦 原 料

水发黄豆40克，水发薏米、水发绿豆各35克，水发红豆、水发黑豆各30克

🍲 烹饪小提示

薏米含有蛋白质、不饱和脂肪酸、钾、碘等成分，具有利水、健脾、除痹、清热排毒等功效。由于食材较多，因此打浆时要多加些水，以免豆浆过于浓稠，变成糊状。

枸杞开心果豆浆

●难易度：★☆☆　●功效：增强免疫

烹饪时间
Time
17分钟

●原料
　枸杞10克，开心果8克，水发黄豆50克

●调料
　白糖适量

●烹饪小提示
开心果去壳后再浸泡一会儿，这样更容易打成浆。

✎ 做法

❶ 将黄豆倒入碗中，加水，搓洗干净，倒入滤网，沥干水分。

❷ 把洗好的黄豆倒入豆浆机中，放入枸杞、开心果、白糖、水。

❸ 盖上豆浆机机头，选择"五谷"程序，打成豆浆。

❹ 把豆浆倒入滤网，滤取豆浆，倒入杯中，捞去浮沫即可。

Part 6

对症喝豆浆

　　豆浆是营养丰富的饮品，每天喝1~2杯豆浆对人体健康很有帮助，对一些疾病也有很好的改善作用。如豆浆中所含的豆固醇、钾、镁是有力的抗盐钠物质，钠是高血压发生和复发的主要根源之一，如果体内能适当控制钠的数量，既能防治高血压，又能治疗高血压。另外，常喝豆浆还能降低血脂、清热利湿、促进睡眠、强化骨骼等。

降血压

黑豆玉米须燕麦豆浆

●难易度：★☆☆　●功效：美容养颜

烹饪时间
Time
17分钟

⊙ 原 料

玉米须15克，水发黑豆60克，燕麦10克

⊙ 烹饪小提示

过滤豆浆时，需把玉米须滤干净，以免影响口感。

⊘ 做 法

❶ 将黑豆、燕麦、玉米须洗干净，倒入滤网，沥干水分。

❷ 把黑豆、燕麦、玉米须倒入豆浆机中，注水，至水位线即可。

❸ 盖上豆浆机机头，选择"五谷"程序，打成豆浆。

❹ 把豆浆倒入滤网，滤取豆浆倒入碗中，用汤匙捞去浮沫即可。

✒ 做 法

❶ 将黄豆、红豆倒入碗中，加入适量清水，用手搓洗干净。

❷ 将洗好的材料倒入滤网，沥干水分。

❸ 把洗好的材料倒入豆浆机中，放入洗净的玉米粒，注水。

❹ 选择"五谷"程序，打成豆浆。

❺ 滤取豆浆，倒入杯中，用汤匙撇去浮沫即可。

烹饪时间
Time
21分钟

玉米红豆豆浆

●难易度：★☆☆ ●功效：降低血压

⊙ 原 料

玉米粒30克，水发黄豆50克，水发红豆40克

◌ 烹饪小提示

玉米含有蛋白质、亚油酸、膳食纤维、钙、磷等营养成分，具有促进大脑发育、降血脂、降血压、软化血管等功效。可根据个人口味添加白糖或蜂蜜调味。

燕麦芝麻豆浆

◉难易度：★☆☆　◉功效：美容养颜

烹饪时间
Time
21分钟

◉ 原 料

燕麦、黑芝麻各30克，水发黄豆55克

◉ 烹饪小提示

打完豆浆后，加入适量冰糖可以减轻黑芝麻的苦味。

✍ 做 法

① 将燕麦、黄豆搓洗干净，倒入滤网，沥干水分。

② 把洗好的材料倒入豆浆机中，放黑芝麻、水，至水位线即可。

③ 盖上豆浆机机头，选择"五谷"程序，打成豆浆。

④ 把豆浆倒入滤网，滤取豆浆倒入杯中，即可饮用。

做 法

1 在碗中倒入绿豆、黄豆，加入适量清水，用手搓洗干净。

2 将洗好的材料倒入滤网，沥干水分。

3 把洗好的莴笋叶、黄豆、绿豆倒入豆浆机中，注水至水位线。

4 选择"五谷"程序，打成豆浆。

5 把豆浆倒入滤网，滤取豆浆，倒入杯中，用汤匙捞去浮沫即可。

烹饪时间
Time
18分钟

莴笋绿豆豆浆

●难易度：★☆☆　●功效：清热解毒

原 料

水发黄豆40克，水发绿豆50克，莴笋叶25克

烹饪小提示

绿豆含有蛋白质、胡萝卜素、维生素、皂苷、钙、磷、铁等营养成分，具有增强免疫力、清热解毒、降血脂等功效。可用温水泡发食材，这样能节省时间。

糙米薏仁红豆浆

●难易度：★☆☆　●功效：安神助眠

烹饪时间
Time
16分钟

○ 原 料

糙米、薏米各15克，水发红豆50克

◎ 烹饪小提示

糙米吸水性强，可以多加些水，以免过于浓稠，影响口感。

做 法

❶ 将糙米、薏米、红豆加水搓洗干净，倒入滤网，沥干水分。

❷ 把洗好的食材倒入豆浆机中，注入适量清水，至水位线即可。

❸ 盖上豆浆机机头，选择"五谷"程序，打成豆浆。

❹ 把豆浆倒入滤网，滤取豆浆，倒入碗中，捞去浮沫即可。

做法

❶ 在碗中倒入绿豆、大米，加水，搓洗干净。

❷ 将洗好的材料倒入滤网，沥干水分，备用。

❸ 把备好的绿豆、大米、豌豆倒入豆浆机中，注水，至水位线即可。

❹ 选择"五谷"程序，打成豆浆。

❺ 把豆浆倒入滤网，滤取豆浆，倒入杯中，用汤匙捞去浮沫即可。

烹饪时间
Time
18分钟

豌豆绿豆大米豆浆

◉难易度：★☆☆　◉功效：降火消暑

原料

水发绿豆40克，水发大米50克，豌豆30克

烹饪小提示

豌豆含有蛋白质、碳水化合物、叶酸、膳食纤维、胡萝卜素、维生素B$_1$等营养成分，具有益中气、止泻痢、利小便、消痈肿等功效。过滤豆浆时，最好慢一些，以免豆浆溢出。

降血脂

荞麦豆浆

◉难易度：★☆☆　◉功效：开胃消食

烹饪时间
Time
21分钟

◉ 原 料

水发黄豆55克，荞麦35克

◎ 烹饪小提示

打豆浆的时候可以加入适量冰糖，以
改善口感。

◉ 做 法

❶ 将荞麦倒入碗中，再放入黄豆，加水，用手搓洗干净。

❷ 将洗好的材料倒入滤网，沥干水分。

❸ 把洗好的材料倒入豆浆机中，注水，打成豆浆。

❹ 把豆浆倒入滤网，滤取豆浆，倒入碗中，撇去浮沫即可。

✎ 做 法

❶ 洗净去皮的土豆切成小块，待用。

❷ 将黄豆倒入碗中，加水洗净，沥干水分。

❸ 把黄豆和土豆倒入豆浆机中，注水至水位线。

❹ 盖上豆浆机机头，选择"五谷"程序，约15分钟后打成豆浆。

❺ 把豆浆倒入滤网，滤取豆浆，倒入杯中即可。

烹饪时间
Time
18分钟

土豆豆浆

●难易度：★★☆　　●功效：开胃消食

🍲 原 料

水发黄豆50克，土豆35克

💡 烹饪小提示

土豆含有蛋白质、淀粉、维生素B$_1$、维生素B$_2$、纤维素等营养成分，具有健脾和胃、益气调中、缓急止痛等功效。土豆皮要去除干净，否则会影响豆浆的口感。

荞麦山楂豆浆

◉难易度：★★☆　◉功效：开胃消食

❀ 原 料

水发黄豆60克，荞麦10克，鲜山楂30克

✎ 做 法

1. 将洗净的山楂切开，去核，再切成块，备用。
2. 将已浸泡8小时的黄豆、荞麦倒入碗中，注入适量清水。
3. 将碗中的食材用手搓洗干净。
4. 把洗好的食材倒入滤网，沥干水分。
5. 将山楂、黄豆、荞麦倒入豆浆机中。
6. 注入适量清水，至水位线即可。
7. 盖上豆浆机机头，选择"五谷"程序，再选择"开始"键，开始打浆。
8. 待豆浆机运转约15分钟，即成豆浆。
9. 将豆浆机断电，取下机头。
10. 把煮好的豆浆倒入滤网，滤取豆浆，倒入杯中即可。

烹饪时间 Time 16分钟

◔ 烹饪小提示

荞麦含有蛋白质、B族维生素、维生素E、柠檬酸、苹果酸、胆碱、钙、磷、铁等营养物质，具有健胃、消积、降血糖等功效。荞麦有很好的养胃功效，所以胃不好的人食用此款豆浆时，可以适量多放一点荞麦。

山药薏米豆浆

●难易度：★★☆　●功效：增强免疫

烹饪时间
Time
16分钟

○ 原 料

山药20克，薏米15克，水发黄豆50克

○ 烹饪小提示

山药切好后最好立刻使用或泡在水中，以免氧化变黑。

✎ 做 法

1 洗净去皮的山药切成片，备用。

2 将黄豆、薏米加水，搓洗干净，倒入滤网，沥干水分。

3 将黄豆、薏米、山药倒入豆浆机中，注水，打成豆浆。

4 将豆浆机断电，把豆浆倒入滤网，滤取豆浆，倒入杯中即可。

糙米豆浆

●难易度：★☆☆ ●功效：增强免疫

● 原 料

　水发黄豆70克，水发糙米35克

● 调 料

　冰糖适量

烹饪时间
Time
22分钟

● 烹饪小提示

泡发黄豆时可以用温水，这样能缩短泡发的时间。

● 做 法

❶ 在碗中倒入糙米、黄豆、清水搓洗干净，倒入滤网，沥干。

❷ 将洗好的食材、冰糖倒入豆浆机中，注入适量清水。

❸ 盖上豆浆机机头，选择"五谷"程序，打成豆浆。

❹ 把煮好的豆浆倒入滤网，滤取豆浆，倒入碗中即可。

全麦豆浆

◉难易度：★☆☆　◉功效：开胃消食

◯ **原 料**

荞麦30克，小麦30克，水发黄豆40克

◯ **调 料**

冰糖适量

◯ **做 法**

1. 将已浸泡8小时的黄豆倒入碗中，再放入小麦、荞麦，注入适量清水。
2. 用手搓洗干净。
3. 把洗好的食材倒入滤网，沥干水分。
4. 把洗净的食材倒入豆浆机中，加入冰糖。
5. 注入适量清水，至水位线即可。
6. 盖上豆浆机机头，选择"五谷"程序，再选择"开始"键，开始打浆。
7. 待豆浆机运转约20分钟，即成豆浆。
8. 将豆浆机断电，取下机头。
9. 把煮好的豆浆倒入滤网，滤取豆浆。
10. 倒入碗中，用汤匙撇去浮沫即可。

◯ **烹饪小提示**

荞麦含有蛋白质、亚油酸、维生素B$_1$、维生素B$_2$、柠檬酸、苹果酸等营养成分，具有降血压、降血脂、助消化、保护视力等功效。荞麦和小米可以用温水泡发后再打浆，能缩短打浆的时间。

烹饪时间　Time 21分钟

清热利湿

百合莲子绿豆浆

烹饪时间
Time
17分钟

●难易度：★☆☆　●功效：增强免疫力

🍲 原 料
水发绿豆60克，水发莲子20克，百合20克

🥣 调 料
白糖适量

📝 烹饪小提示
绿豆泡发的时间不宜太长，否则容易发芽。

✍ 做 法

❶ 将绿豆倒入碗中，加水搓洗干净，倒入滤网，沥干水分。

❷ 将备好的绿豆、莲子、百合倒入豆浆机中，注水。

❸ 盖上豆浆机机头，选择"五谷"程序，打成豆浆。

❹ 把豆浆倒入滤网，滤取豆浆，倒入碗中，放入白糖拌匀即可。

🥄 做 法

❶ 将小米倒入碗中，放入黄豆，加水，洗净。

❷ 将洗好的材料倒入滤网，沥干水分。

❸ 把荷叶、小米、黑豆倒入豆浆机中，注水，至水位线即可。

❹ 选择"五谷"程序，打成豆浆。

❺ 把豆浆倒入滤网，滤取豆浆，倒入碗中，用汤匙撇去浮沫即可。

Time 21分钟

荷叶小米黑豆豆浆

●难易度：★☆☆ ●功效：清热解毒

🌰 原料

荷叶8克，小米35克，水发黑豆55克

🍲 烹饪小提示

小米含有蛋白质、B族维生素、钙、钾等营养成分，具有补益虚损、和中益肾、清热解毒等功效。荷叶要撕成小片，这样能节省打浆的时间。

百合绿豆豆浆

● 难易度：★ ☆ ☆　● 功效：清热解毒

烹饪时间
Time
16分钟

🍳 原 料

水发绿豆40克，鲜百合25克，莲子适量

◎ 烹饪小提示

制作此豆浆时，可将莲子心去除，以减轻苦味。

🍴 做 法

❶ 将洗净的莲子倒入豆浆机中，加入洗好的百合、绿豆。

❷ 注入适量清水，至水位线即可。

❸ 盖上豆浆机机头，选择"五谷"程序，打成豆浆。

❹ 把豆浆倒入滤网，滤取豆浆，倒入碗中，撇去浮沫即可。

✏ 做 法

❶ 洗净的黄瓜切滚刀块。

❷ 将黄瓜、已浸泡8小时
的黄豆倒入豆浆机中，
注水至水位线。

❸ 选择"五谷"程序，打
成豆浆。

❹ 将豆浆机断电，取下机
头，把煮好的豆浆倒入
滤网，滤取豆浆。

❺ 把滤好的豆浆倒入杯
中，加入少许蜂蜜，拌
匀即可。

烹饪时间
Time
16分钟

黄瓜蜂蜜豆浆

◉难易度：★★☆　◉功效：清热解毒

🥄 原 料

黄瓜40克，水发黄豆50克

🧂 调 料

蜂蜜适量

💧 烹饪小提示

黄瓜含有蛋白质、糖类、维生素B₂、维生素C、维生素E、
磷、铁等营养成分，具有美容、除湿、止渴、清热等功
效。黄瓜皮含有丰富的营养，可以不用去皮。

菊花雪梨黄豆浆

●难易度：★☆☆ ●功效：清热解毒

原 料

雪梨块65克，水发黄豆55克，菊花10克

烹饪小提示

菊花味苦，因此可加入适量白糖或蜂蜜调味。

做 法

❶ 将黄豆倒入碗中，加水搓洗干净，倒入滤网，沥干水分。

❷ 把雪梨块、黄豆、菊花倒入豆浆机中，注入适量清水。

❸ 盖上豆浆机机头，选择"五谷"程序，打成豆浆。

❹ 把豆浆倒入滤网，滤取豆浆，倒入杯中，捞去浮沫即可。

🔪 做 法

❶ 将绿豆、薏米倒入碗中，注入适量的清水，用手搓洗干净。

❷ 倒入滤网，沥干水分。

❸ 将洗净的食材倒入豆浆机中，注水至水位线。

❹ 选择"五谷"程序，再选择"开始"键，打成豆浆。

❺ 将豆浆机断电，取下机头，倒入滤网，滤取豆浆，倒入杯中即可。

烹饪时间
Time
16分钟

绿豆薏米豆浆

◉难易度：★☆☆　　◉功效：健脾止泻

🍎 原 料

水发绿豆60克，薏米少许

🍵 烹饪小提示

薏米含有亮氨酸、赖氨酸、精氨酸、酪氨酸、维生素B$_1$等成分，具有健脾、渗湿、止泻、排脓等功效。薏米可以用温水泡发，这样更易打成浆。

促进睡眠

安眠桂圆豆浆

●难易度：★☆☆　●功效：安神助眠

烹饪时间
Time
17分钟

◎ 原 料
水发黄豆60克，桂圆肉10克，百合20克

◎ 调 料
白糖适量

◎ 烹饪小提示
桂圆肉有甜味，可根据个人喜好选择是否添加白糖。

◎ 做 法

❶ 将黄豆倒入碗中，加水，搓洗干净，放入滤网，沥干水分。

❷ 把黄豆、桂圆肉、百合放入豆浆机中，注入适量清水。

❸ 盖上豆浆机机头，选择"五谷"程序，打成豆浆。

❹ 把豆浆倒入滤网，滤取豆浆，倒入碗中，放入白糖拌匀即可。

✎ 做 法

❶ 将豌豆倒入碗中，再放入小米，加水，洗净。

❷ 将洗好的材料倒入滤网，沥干水分。

❸ 把洗好的材料倒入豆浆机中，注水至水位线。

❹ 盖上豆浆机机头，选择"五谷"程序，再选择"开始"键，打成豆浆。

❺ 把煮好的豆浆倒入滤网，滤取豆浆，倒入碗中，撇去浮沫即可。

烹饪时间
Time
17分钟

豌豆小米豆浆

●难易度：★☆☆　●功效：益气补血

◉ 原 料

小米40克，豌豆50克

◉ 烹饪小提示

小米含有蛋白质、胡萝卜素、B族维生素、维生素C、维生素D、钙、钾等营养成分，具有益气补血、健脾胃、补虚损等功效。小米吸水性较强，因此打浆时可多加些水。

甘润莲香豆浆

●难易度：★☆☆　●功效：保肝护肾

烹饪时间
Time
17分钟

⊙ **原 料**
水发黄豆60克，莲子25克

⊙ **调 料**
冰糖20克

⊙ **烹饪小提示**
莲子要先泡发或者煮软，这样打浆时才更容易出汁。

✎ **做 法**

❶ 将黄豆倒入碗中，放入莲子，加水洗净，沥干水分。

❷ 把黄豆、莲子倒入豆浆机中，加冰糖、水，至水位线即可。

❸ 盖上豆浆机机头，选择"五谷"程序，打成豆浆。

❹ 把豆浆倒入滤网，滤取豆浆，倒入杯中，捞去浮沫即可。

🍴 做 法

❶ 将黄豆倒入碗中，加入适量清水，搓洗干净。

❷ 把黄豆倒入滤网，沥干水分。

❸ 将黄豆、百合倒入豆浆机中，注水至水位线。

❹ 选择"五谷"程序，打成豆浆。

❺ 把豆浆倒入滤网，用汤匙搅拌，滤取豆浆，倒入碗中，放入白糖，搅拌均匀至其溶化即可。

烹饪时间
Time
17分钟

百合豆浆

● 难易度：★☆☆　●功效：增强免疫

🧅 原 料

百合8克，水发黄豆70克

🧂 调 料

白糖适量

💧 烹饪小提示

大豆含有蛋白质、维生素A、维生素E、钙、磷、镁、钾、铁等营养成分，具有健脾宽中、祛风明目、清热利水、活血解毒等功效。新鲜百合可泡在水里，否则容易变黑。

莲子红枣豆浆

◉难易度：★★☆ ◉功效：开胃消食

烹饪时间
Time
18分钟

◎ 原 料

水发莲子25克，红枣15克，水发黄豆50克

◎ 烹饪小提示

制作此豆浆时，可将莲子心去除，以减轻苦味。

做 法

❶ 洗净的红枣切开，去核，再切块。

❷ 把红枣放入豆浆机中，倒入黄豆，注入适量清水。

❸ 盖上豆浆机机头，选择"五谷"程序，打成豆浆。

❹ 把豆浆倒入滤网，滤取豆浆，倒入碗中，捞去浮沫即可。

🍴 做 法

① 洗好的红枣切开，去核，把果肉切成小块。

② 将莲子、红豆，加水洗净，沥干水分。

③ 把备好的红枣、莲子、红豆倒入豆浆机中，注水至水位线。

④ 选择"五谷"程序，打成豆浆。

⑤ 把豆浆倒入滤网，滤取豆浆，倒入碗中，用汤匙撇去浮沫即可。

烹饪时间
Time
22分钟

莲枣红豆浆

●难易度：★★☆　●功效：安神助眠

🍽 原 料

红枣、莲子各15克，水发红豆50克

💡 烹饪小提示

红枣含有蛋白质、糖类、有机酸、维生素A、维生素C、钙等营养成分，具有补中益气、养血安神、美容养颜等功效。可将莲子心去除，能减轻苦味。

强化骨骼

芝麻花生黑豆浆

烹饪时间
Time
16分钟

◉难易度：★☆☆　◉功效：保肝护肾

🌿 原 料

水发黑豆40克，黑芝麻8克，花生米10克

🍵 烹饪小提示

黑芝麻可以干炒一下再打浆，这样味道会更香。

🥄 做 法

1 将花生米倒入碗中，放入已浸泡8小时的黑豆，洗净，沥干水分。

2 将黑豆、花生米、黑芝麻倒入豆浆机中，注水至水位线即可。

3 盖上豆浆机机头，选择"五谷"程序，打成豆浆。

4 把打好的豆浆倒入滤网，滤取豆浆，倒入碗中即可。

做法

❶ 把洗好的花生米、鹰嘴豆倒入豆浆机中。

❷ 注入适量清水，至水位线即可。

❸ 盖上豆浆机机头，选择"五谷"程序，选择"开始"键，开始打浆。

❹ 待豆浆机运转约20分钟，即成豆浆。

❺ 把煮好的豆浆倒入滤网，滤取豆浆，倒入碗中，撇去浮沫即可。

烹饪时间 Time 21分钟

花生鹰嘴豆豆浆

●难易度：★☆☆ ●功效：增强记忆力

原料

花生米、鹰嘴豆各30克

烹饪小提示

花生米含有蛋白质、不饱和脂肪酸、维生素B₆、维生素E、维生素K等营养成分，具有滋补气血、增强记忆力、滋润皮肤等功效。可以不用过滤豆渣，口感也很好。

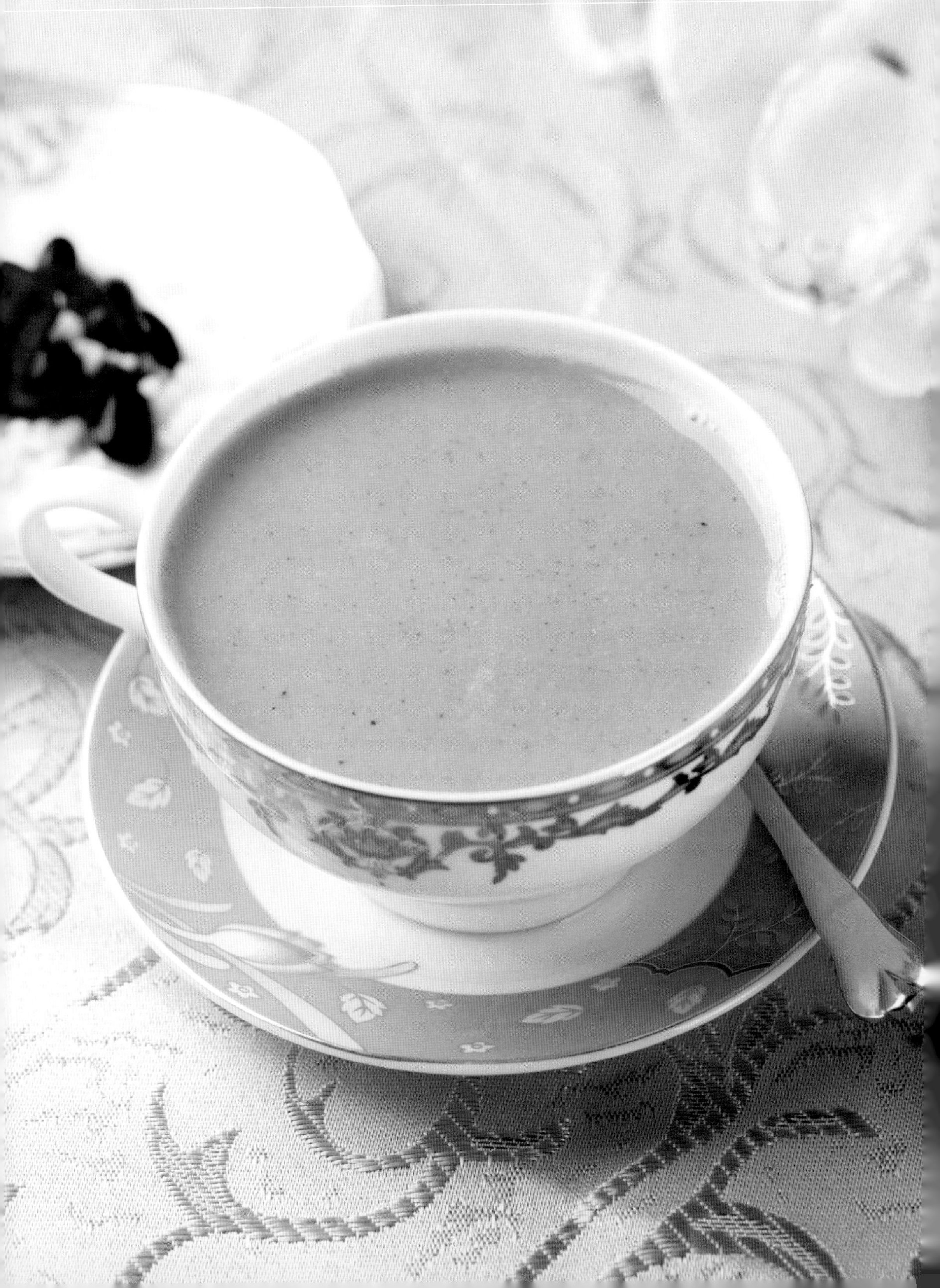

高钙豆浆

●难易度：★☆☆　●功效：益气补血

◉ 原 料

水发黑豆、水发大米各50克，水发黑木耳25克

◉ 调 料

白糖10克

◉ 做 法

1.将已浸泡8小时的黑豆倒入碗中，放入大米。

2.加入适量清水。

3.用手搓洗干净。

4.将洗好的材料倒入滤网，沥干水分。

5.把洗好的黑豆、大米、黑木耳倒入豆浆机中。

6.注入适量清水，至水位线即可。

7.盖上豆浆机机头，选择"五谷"程序，再选择"开始"键，开始打浆。

8.待豆浆机运转约15分钟，即成豆浆。

9.将豆浆机断电，取下机头，把煮好的豆浆倒入滤网，滤取豆浆。

10.倒入杯中，加入白糖，搅拌均匀，用汤匙捞去浮沫，待稍微放凉后即可饮用。

◉ 烹饪小提示

黑木耳含有蛋白质、多糖、胡萝卜素、钙、磷、铁等营养成分，具有凉血、止血、益气补血等功效。木耳要提前泡发好、切碎，可使煮好的豆浆口感更佳。

烹饪时间 Time 16分钟

花生牛奶豆浆

●难易度：★☆☆ ●功效：安神助眠

◯原 料

花生米30克，水发黄豆50克，牛奶100毫升

◯做 法

1.将花生倒入碗中，再放入已浸泡8小时的黄豆。

2.加入适量清水。

3.用手搓洗干净。

4.将洗好的材料倒入滤网，沥干水分。

5.把洗好的黄豆、花生倒入豆浆机中。

6.注入适量清水，至水位线即可。

7.盖上豆浆机机头，选择"五谷"程序，再选择"开始"键，开始打浆。

8.待豆浆机运转约15分钟，即成豆浆。

9.将豆浆机断电，取下机头，把煮好的豆浆倒入滤网，滤取豆浆。

10.将滤好的豆浆倒入杯中，用汤匙捞去浮沫，待稍微放凉后即可饮用。

烹饪时间
Time
17分钟

◯烹饪小提示

牛奶含有蛋白质、B族维生素、维生素D、钙、磷、铁等营养成分，有助眠、养颜、健脑等功效。制作此豆浆时不要加太多的水，以免冲淡牛奶的鲜味，影响口感。

八宝豆浆

●难易度：★★☆ ●功效：增强免疫

烹饪时间
Time
20分钟

◎ 原料

水发黄豆、水发红豆、花生米、莲子、
薏米、核桃仁、百合、芝麻各适量

◎ 调料

冰糖适量

◎ 烹饪小提示

打完豆浆后，可用勺子撇去浮沫，这
样口感会更佳。

✍ 做法

❶ 把红豆、花生、莲子
装碗，注入清水搓洗
干净，过滤沥干。

❷ 将全部食材倒入豆浆
机中，注入适量清
水，至水位线即可。

❸ 盖上豆浆机机头，选
择"五谷"程序，打
成豆浆。

❹ 把豆浆倒入滤网，滤
取豆浆，倒入碗中，
待稍凉后即可饮用。